7 RULES OF POWER

Surprising—but True—Advice on How to Get Things Done and Advance Your Career

精進權力

史丹佛教授的7大權力法則

帶你突破框架，取得優勢，成功完成目標

傑夫瑞·菲佛 Jeffrey Pfeffer——著　鄭依如——譯

獻給美妙的凱瑟琳，我的一生摯愛，她的離世掏空了我的內心與靈魂

目錄

序　權力的挑戰 15
為什麼現在要寫這本書？ 16

前言　權力、做完事情和職涯成就 29
權力是用途廣大的工具 32
政治技能會影響職涯成果嗎？ 36
學習權力的階段 40
權力法則只適用於白人男性嗎？ 45

法則一　不要成為自己的阻礙 51
願意不擇手段——別逃避權力 61
低度權力為何一直延續下去？ 66
「真誠」的詛咒 73
「好感」悖論 80

法則二　打破規則 87
打破規則為何可以創造權力，又是如何發生？ 93

兩難困境：要合群融入還是鶴立雞群？ 103
開口要求來打破規則 106
打破規則、做出改變 110

法則三 展現有權力的模樣
模樣很重要，會影響你的未來 115
了解真正的聽眾是誰，以及他們想要或需要從你身上得到什麼 121
自信很重要（就算是沒來由的信心也一樣） 126
肢體語言可以表達權力 132
有權力的發言，有權力的用詞 135
如何讓「有權力」的印象成真？ 136
139

法則四 建立有權力的個人品牌
創造一套敘事，然後不斷重複 141
打造自己的「招牌形象」 146
盡可能去做各式各樣的事情讓自己出名 150
培養媒體 151
156

靠著適當的爭議脫穎而出 159
盡可能運用你與權威人士和組織的關係 162
讓自己的好表現得到獎賞與功勞 164
願意訴說你的故事 168

法則五　持續不懈地拓展人脈 171
花費足夠的時間與（有用的）人互動 177
強・列維的案例 182
經營人脈的四大基本原則 186
拓展人脈的時間管理 193

法則六　運用你的權力 197
利用權力快速完成事情 201
利用權力增加支持者和剷除對手 206
運用權力來告訴別人自己多有權——還有你使用權力的意願 211
利用權力來建立「延續權力」的結構 215

法則七　成功（幾乎）可以解釋一切——這是最重要的法則　219
人們擔心遵循權力法則的後果　222
大部分的社會過程會讓優勢維持一致或加強，而不是產生改變　226
權力和財富保護犯錯者的案例　230
動機認知提供了忽視不當行為的機制　240
動機認知的例子：道德合理化　243
靠近權力和成功的渴望會影響人們與掌權者的關係　246
擁有權力的人可以書寫和創造歷史　249
萬物皆可賣——連尊敬也是　253
權力的一些啟示　255

尾聲　邁向權力之路　257

致謝　269
注釋　275

好評全力推薦

用一句話形容——精采絕倫！菲佛博士寫了一本最極致的權力學著作，避開了傳統領導學理論的陷阱，從而深入探討真正可以改變人生和職涯的技巧。這本書寫得非常精采，充滿令人感受深刻的故事和例證，我推薦所有想徹底改變人生軌跡的人閱讀這本書。

——馬歇爾・葛史密斯（Marshall Goldsmith），「思想家50」（Thinkers 50）首位主管教練，
《紐約時報》暢銷書《魔力》（*Mojo*，暫譯）和《UP學》（*What Got You Here Won't Get You There*）作者

就像是一巴掌打在臉上、當頭棒喝的現實。菲佛這本講究證據、登峰造極的權力學著作以研究為基礎，整理出揭露現實的權力七大法則，幫助人們爬上高峰。所有想在組織中晉升的人都必須取得權力，所以他們必須讀這本精采的好書。

——羅伯特・席爾迪尼（Robert Cialdini），《紐約時報》暢銷書
《影響力》（*Influence*）和《鋪梗力》（*Pre-Suasion*）作者

這本書提供讀者易懂又實用的建議，幫助讀者活得更有權力。菲佛以其他人遵循七大法則改變人生的真實故事為例，用幽默和充滿人性的文字傳達訊息。菲佛指出我們有多常將自己的權力拱手讓人，也告訴我們該如何拿回權力。菲佛的文字和課程讓我深受啟發，我因此寫了《拿回權力》（*Take Back Your Power*）這本書，幫助經常在職場處於劣勢的女性。這十年來菲佛教授是我的導師，也是我的教練，我以此書致敬從他身上學到的一切。

——劉黛博拉（Deborah Liu），《拿回權力》作者、Ancestry.com 執行長、Intuit 董事會成員、前臉書部門副經理、Women in Product 創辦人

菲佛這本最新的領導學傑作見解極為高明，其坦率和務實令人耳目一新，而且是以最新的學術研究為基礎。菲佛無疑是當今領導學界的指揮大師雷納德·伯恩斯坦（**Leonard Bernstein**）。這本書對權力的見解易讀、睿智、涉獵廣泛，無人能出其右。

——傑夫瑞·索納菲（Jeffrey Sonnenfeld），執行長領導學院（Chief Executive Leadership Institute）創辦人暨執行長、耶魯大學商學院萊斯特·克朗（Lester Crown）教授和領導學院資深副院長

菲佛博士的這本書是必讀好書，對每個人在職涯的任何階段都非常有幫助。這本書以平衡又周到的觀點，討論讓許多人、尤其是女性感到彆扭與不安的議題。菲佛清楚精闢地提供務實

又有理論基礎的做法，幫助讀者用自己的方式取得權力。這本書會讓你重新開始思考，並且真正改變你的觀點。

——史黛西．布朗菲波特（Stacy Brown-Philpot），前TaskRabbit執行長、惠普科技和Nordstrom董事會成員、《富比士》四十位四十歲以下最具影響力人物、前Google線上銷售與營運印度區主管

傑夫瑞．菲佛是我遇過最坦誠的老師。他從不畏懼說出事實，這是非常罕見的特質，因為人們經常選擇說客套話而犧牲了真理。從這本書學習到的道理，需要花一輩子的時間實踐。這本書提供我新的觀點，讓我檢視生活周遭的人做出的決定與行為。最重要的是，菲佛教導我如果想贏得勝利，改變規則比全憑努力更有用。

——維瓦斯．庫瑪爾（Vivas Kumar），Mitra Chem執行長暨共同創辦人、史丹佛商研所二〇二一年畢業生

我剛開始閱讀這本書時，想了一大串關於領導力和建立影響力的假設。隨著一章一章讀下去，拼圖一塊塊拼湊起來，畫面也越來越清晰。我試著遵循書中教導的策略，成立了一間顧問公司，發揮我超過二十年的專業經驗，提供研究、創新和策略建議。我也是一名有效率的主管教練，慢慢建立起自己的品牌。我透過持續不懈地拓展人脈，找到了有權力的盟友來打

破規則，還拿到相關的博士學位。我的座右銘是：「為何不是我去做？為何不現在就做？」最重要的是：「你還沒試過的話，怎麼知道有沒有用？」

——莫妮卡．史戴澤斯卡克瑞克（Monika Stezewska-Kruk），Corvus Innovation 執行長、主管教練和引導師、史丹佛領導學程（LEAD program）畢業生

這本書會讓你大開眼界，它改變了我的人生。我是一名奈及利亞女性，是義大利一間跨國能源公司的地球科學家。優秀的表現讓我進入公司，而權力讓我保持領先。我善用這本書教導的原則，在公司之外建立影響力。我廣建人脈，然後成為核心人物。我獲頒國際獎項，受邀在頂尖領導力論壇演講。我獲得最有影響力非裔人士提名。我為自己創造獨一無二的個人品牌，現在代表我所屬的組織參加海外活動。我經常是全場唯一的黑人女性，是這本書讓我擁有優勢。

——托心．喬艾爾（Tosin Joel），史丹佛領導學程、麻省理工學院 Sloan Fellow、Hack for Inclusion 董事、GTBOOL 創辦人、Eni 專案經理

這本書的概念，幫助我規劃和實踐成為數位健康專家的夢想。弱勢族群和想擁有社會影響力的人必須讀這本書，因為我們總是習慣迴避權力這個概念。這本書重新建構權力，提供有策

略又務實的工具來實際改變世界！

——瑪塔．米爾寇斯卡（Marta Milkowska），史丹佛商研所二〇二二年畢業生、波士頓顧問集團顧問、Reveri Health臨時執行長、Dtx Future創辦人、史丹佛第一個數位療法平台

權力永遠都會存在。我當了這麼久的合夥人、團隊成員和「好人」，是菲佛的這本書教會我：權力不是掌控或貪婪，而是效率。取得和運用權力讓我們有效做出改變，建立符合我們個人價值的職涯、組織或世界。這些教導讓我的創業投資生涯產生巨大轉變，並且持續在個人生活和職業的道路上引導我。

——朱蘿拉（Laura Chau），史丹佛商研所二〇一八年畢業生、Canaan Partners合夥人、《富比士》三十位三十歲以下最具影響力人士、Ollie Pets和Clutch董事會成員

序　權力的挑戰

若是想運用權力來做好事，就要讓更多好人獲得權力。

——引述自我本人。

我經常遭遇到也許稱得上是「知識衝擊」的情況，從某方面來說，包括我的好友和有見地的編輯在內，多數人都說我對權力的看法不符合這個時代的主流精神，因為現在很強調團隊合作、當個好人，還有政治正確的言行舉止。

但是另一方面，我常常收到電子郵件，譬如某一位上過我的線上權力課程的學員寫信給我，他告訴我和其他同學，他最大的收穫是瞭解了光靠表現不夠。他知道假如自己想在職場上更上一層樓，或者是達到工作目標，就必須向公司內有權力的人開口，要求自己想要和需要的東西，他也明白自己必須逢迎高層要員；他必須相信自己，在言行舉止中展現權力；他必須建立人脈和支持系統；當他面臨反對與衝突，必須精明地知道何時是戰鬥的最佳時機、又該如何戰勝。對了，順帶一提，他還會錯過我的最後一堂直播課程，因為經過他努力不懈地建立人脈和「引起注意」，他即將與兩名高階主管搭飛機去走訪國際市場，正好與課程時間衝突。

話說回來，我們對權力應該抱持什麼信念呢？該如何行動？又該做些什麼？本書包含了我目前的想法和最新的社會科學研究，將可幫助讀者諸君解答這些問題。

為什麼現在要寫這本書？

我原本以為自己再也不會寫另一本主題為權力的書，因為我已經寫了三本[1]，算上前傳的話就有四本了[2]，內容主要都是反抗大多不切實際又毫無幫助的領導力格言，譬如那些要人們謙遜、真誠和坦率的建議。我前兩本以權力為主題的書賣得還算不錯，幾乎世界各地的課程都有採用；那麼現在為什麼還要出這本書？

四件事情改變了我的心意。首先，我持續努力以更有效率的方式，教導關於組織權力和政治的知識。我有幸能教導一些全世界最有才華的人，線上和面對面教學都有，這件事情讓我有了更深的領悟，讓我明白如何簡化、釐清和更清楚地解釋權力法則背後的概念，以及人們如何又為何能採取實際且快速行動，改變職涯和人生。

學生們讓我明白，在學習和運用權力法則之後，可以深刻地產生正面的立即效果。譬如我最近收到一封郵件：

> 感謝您在……課堂上教導我們的一切，那些知識幫助我成立自己的部門，還得到以我這個年齡來說意想不到的薪水和職位，今天在國際簽約儀式上，更獲得兩位部長的稱讚。我的祕訣是什麼呢？很簡單，就是開口要求。我也聽了您的建議，很有策略地讓我的……學位和人工智慧學問在職場中變成珍貴資源，而非人人都會的才能。最後，我投注心力讓自己踏出去，與職場上遇到的人建立人脈，建立起自己的口碑。

他是在沙烏地阿美石油公司（Saudi Aramco）工作的沙烏地阿拉伯人，他說的事情都不複雜，他做的一切也都符合社會科學證據，只是人們採用的頻率真的太低了。這個案例來自完全不同的國家和文化，佐證了研究結果：權力法則普遍存在於不同的文化中。因為這些知識可以帶來正面影響，所以我認為應該更廣泛地推廣與組織權力有關的教材，換言之，這也是我對於協助他人邁向權力之路的最新見解。

魔法數字「七」

我觀察了以前的學生，以及政治和商業領袖（尤其是特別成功的那些人），並且閱讀相關的社會科學研究之後，歸結出權力基本上有七大法則。將權力這門學問整合成七個基本法則，可以有效率地教導人們需要做什麼才能變得更有影響力、更成功。

「七」顯然是個很適合法則的數字。一九五六年，喬治．米勒（George Miller）寫了一篇很有影響力的文章，他主張「一個人在缺少輔助的情況下，能接收、思考和記住的資訊量會受到大幅限制」，因此大多數人的能力極限就是七個（加減兩個）元素或想法。[3] 近期有人分析米勒的主張，指出「數字七出現在生活中許多地方，從世界七大奇景到七大洋，還有七宗罪。」[4] 更深入的研究進一步證實了米勒原先的看法非常正確可靠，亦即超過七個項目會讓人的認知能力受到限制。

幸好我對於建立和運用權力的想法，可以有效地用七大法則來概括，亦即本書的七個章節。而七大法則分別是：

1. 不要成為自己的阻礙。
2. 打破規則。
3. 展現有權力的模樣。
4. 建立有權力的個人品牌。
5. 持續不懈地拓展人脈。
6. 運用你的權力。
7. 成功幾乎可以解釋你在取得權力過程中所做的一切。

我認為第七法則是重中之重，因為能讓人們毫無顧慮地採取行動，不需要白操心後果。

解釋目前的領導型態

促使我改變心意的第二個因素，是絕大多數人並不了解現代政治和商業領袖的實際情況，我所說的領袖包括唐納．川普（Donald Trump）、史帝夫．賈伯斯（Steve Jobs）、傑夫．貝佐斯（Jeff Bezos）、比爾．蓋茲（Bill Gates）、梅格．惠特曼（Meg Whitman）、卡莉．菲奧莉娜（Carly Fiorina）和伊隆．馬斯克（Elon Musk），當然也不只是他們幾個人。

很多人認為這幾位領袖和他們的行為異於常人，卻沒有意識到他們之所以能成為權力法則的模範，是因為他們讓我們了解當代（沒錯，是**當代**，不是古代）成功領袖的言行舉止是什麼樣子。

川普絕對遵循了本書所列的七大權力法則，事實上我原本想寫一本從川普身上學習領導力的書。我之所以打消念頭，是因為他這個人的評價太兩極，人們很難從對他的印象中抽離，客觀地去評價他的所做所為。不過，為了釐清川普為什麼能在政治和其他領域取得出乎意料的成功，我不僅深入探討能夠解釋他獲得成功的社會科學基礎，更研究了美國和其他地方多位企業領袖和政治人物的行為，以及他們的成就。

由於人們不了解權力行為的現實，所以他們總是對發生的事感到驚訝，那些似乎違反傳統領導學格言的行為卻如此有效率，也讓他們感到驚訝，這主要是因為普遍的共識與人類行為的社會心理學研究之間，存在著巨大的落差。有時候伴隨驚訝而來的是職涯上毫無預期的挫折，那是因為他們還沒有準備好面對社交生活的現實情況。

我想幫助人們更了解每天出現在公共和私人組織中的情勢和政治真相，這是我對這本書的期許。我在「邁向權力之路」（Paths to Power）的課程大綱也寫到，課程的明確目標是傳授知識給所有人，只要他們運用這些知識，就再也不必被迫離職。雖然我還沒達成目標，但是我實在看到太多人被驅逐和剝奪權力，所以這項目標還是非常正確和重要。教導人們實踐權力七大法則的方法，可以幫助他們達成目標。

權力不是黑魔法，而是成功的金鑰

我寫這本新書的第三個動機：我在電子郵件中和課堂上，遇到太多一開始對我的想法很抗拒、懷疑、感到不自在或是想挑戰我的人。不是因為他們質疑這種想法是否真的存在，或是質疑社會科學研究的真實性，甚或質疑自己觀察到的現象。套用最近一封來信中的用詞，他們認為權力的原則和研究成果非常「令人沮喪」，或者借用我的好友兼同事鮑勃．薩頓（Bob Sutton）的說法，就是「**很黑暗**」。因此人們會閃避那些原本可大有作為又能有效加速職涯發展的機會。

我發現對抗成見的方法之一，就是告訴人們只要運用權力七大法則，就能讓他們更有權力。**人們一旦擁有更多權力，就比較不會鬱悶，也比較不會覺得世界很黑暗，因為在這個世界闖蕩的時候，可以更有效率地完成工作。**擁有權力也會讓他們在生理和心理上更健康，因為根據研究顯示，掌控工作和一個人在社會階層中的位置，都與健康息息相關[5]。除此之外，他們還會變得更快樂，因為權力與增加幸福感也有所關聯。[6]

權力的法則改變過嗎？

第四，我想直接回應人們常常抱持的一個說法，就是時至今日所有事情都不一樣了，新的價值觀、新的世代（以及他們自身的價值觀）、新的科技（尤其是社群媒體）從根本上改變了許多事，因此與權力和影響力有關的老舊思想都早已毫無用處。由於這種主張，再加上商學院以及其他領導力與行政管理課程的態度，所以眼見人們對我的課程和著作抱持矛盾的心情，我一點也不意外。許多人都無法接受權力，或者說他們不能接受組織中（也或許是所有）的政治活動。

許多明顯以權力為主題的書籍和研究，對於是否接納提升權力的技巧，都抱持著好惡參半的矛盾心情。許多人對權力的評價十分樂觀正向，這種看法也普遍受到歡迎，但事實上他們對人類行為和社交世界的想法都太過天真了，與社交生活的現實經驗天差地遠。那些發表評論的人不斷忽視、或一味否定權力與人類行為最根本又歷久不衰的現實，所以他們想改善情況或做出改變的決心與好意，幾乎是註定失敗，這就像是如果不遵循物理法則和熱力學，就不可能成功造出火箭。在許多關於權力的理論中，我發現下面這幾個例子，他們對於權力的看法與現實世界中的權力根本毫無關聯。

摩伊希斯・奈姆（Moisés Naím）著有《微權力》（*The End of Power*）一書[7]，文中提

到身居高位、大權在握的人所掌控的權力其實受到更多限制。奈姆指出很多擁有響亮頭銜的人都私下向他坦承，旁人認為他們擁有的權力，以及他們實際能做的事情，還有他們對自身權力的看法，都存在表面上（或實際上）的差距。臉書創辦人馬克・祖克伯（Mark Zuckerberg）成立線上讀書俱樂部後，第一本選書就是《微權力》。[8]

我相信你們能領會其中的諷刺。我撰寫本書時，祖克伯正在重新集中和鞏固自己對臉書的掌控權，而臉書正如矽谷其他科技公司一般，是採用特別決議架構。《紐約時報》科技專欄作家卡拉・史威雪（Kara Swisher）說得非常貼切，她說特別決議架構可以確保祖克伯不管做什麼都不會被公司開除。[9]有些人可能會面臨權力式微或受到限制，但是祖克伯絕對沒有這種煩惱；擁有微弱權力的人比聲稱擁有權力的人少很多。

我經常聽到有人提起同一本書中的另一個例子，那就是權力的理論和現實狀況已經從根本上改變，奈姆在書中問到全球化對經濟集中度的影響，而他的假設是企業的全球化與競爭會分散經濟權力。他的問題是在二〇一三年提出的，現在答案很明顯，實際情況與許多人預想中不同。不只是美國，而是全世界都如此，反壟斷機構正在厲兵秣馬投入戰場，因為全球化促使權力和財富更集中，其中又以跨國科技公司最為明顯，當然其他產業也能見到類似情況，例如電信業，甚至是零售業（大家都知道亞馬遜集團吧？）。二〇〇八年至二〇〇九年的金融危機過後，那些遭受批評說「規模大到會倒閉」的銀行，反而都擴大規模。不存在的反壟斷執法力量，以及不斷集中的經濟霸權，接二連三地出現在我們的生活周遭。[10]

接下來出現傑洛米．海曼斯（Jeremy Heimans）和亨利．提姆斯（Henry Timms）共同撰寫的《動員之戰》（*New Power*）。[11]他們的理論是權力不會終結，但是權力和權力的基礎與運用，都隨著網路、社群媒體和新形態的溝通方式而產生根本上的轉變。社會和科技的變化帶來更大規模的民主化（他們經常使用這個詞），而新權力的概念會讓權力變得比較不集中，也會讓更多人得以取得權力。他們的基本主張廣受歡迎，他們認為許多人都可以輕易取得通訊平台（想想看部落格和推特、臉書和Instagram等社群媒體帳號），也能輕鬆了解世界各地的資訊（想一想Google），因而讓新發明和社會運動如雨後春筍般出現，例如人們經常提起，但是最終以失敗收場的阿拉伯之春。借用一九六〇年代常說的一句話，人民會擁有越來越多的權力，包括那些沒有正式權力地位的人。

可惜的是現實往往很殘酷，新形態通訊方式和社群媒體平台上最成功的使用者，往往都是那些早就擁有政治和經濟權力的人。根據一位駐菲律賓的專欄作家所言，幾乎全世界各地都能看到「以權力鞏固權力」的情形，因為獨立新聞媒體一個個遭到剷除，用「最響亮的擴音器」發出的聲音能夠塑造現實。[12]二〇〇六年開始彙編年度民主指數的經濟學人資訊社（Economist Intelligence Unit）指出：「民主正在倒退……全球的民主指數下降到五・四四分（滿分十分），是開始公布指數以來的最低紀錄。」[13]或許你會比較相信人類自由指數（Human Freedom Index），也就是美國保守派智庫「卡托研究所」（Cato Institute）自二〇〇八年起公布的數據。人類自由指數顯示，全球整體的自由度從二〇〇八年便開始下將，六十一個國家的評分上升，評分下跌的國家卻有七十九個。[14]

我舉幾個用權力鞏固權力的政治人物為例，譬如中國國家主席習近平取消任期限制成為終身主席，俄羅斯總統弗拉迪米爾・普丁（Vladimir Putin）也效法延長自己的任期。威權統治在其他歐洲和亞洲國家都有上升的趨勢，包括匈牙利、波蘭、土耳其和菲律賓。中國一直逐步限縮香港的權力，一點一點侵蝕香港的特殊地位。至於美國，根據《華盛頓郵報》事實查核小組所說，唐納・川普在二〇一六年能贏得總統大選，首先是仰仗有效運用臉書等「新權力的溝通方式」散播無數假消息[15]，同時讓共和黨亦步亦趨地追隨他。儘管他（以此微差距）輸掉二〇二〇年的連任選舉，川普還是得到美國總統選舉史上第二多的選票，超過他在二〇一六年的得票數。

簡而言之，權力不是結束，也沒有任何新的形式。為了讓人們得以在這個「改變沒有我們以為或想像中那麼多」的世界裡擔任領袖，他們必須了解最基本的原則，也就是權力的法則。

用分析和數據為自己打造更多權力

也許這些事實大多都「令人沮喪」或「黑暗」，但是我要重申一下本章節開頭的引言，若是想運用權力來做好事，就要讓更多好人獲得權力。如果他們想取得權力，就需要了解公認的社會科學真理，讓他們能在這個世界，在這個權力沒有消失、沒有變得更分散、權力的決定因素和策略都沒有改變的世界裡取得成功。簡而言之，人們需要接納權力的法則，不能夠逃避。我撰寫本書不是為了讓你開心，或者告訴你一些可以振奮人心的故事。同樣的，我也不認為自己是憤世嫉俗的人，而是個實用主義者和現實主義者。

從一九七九年開始，我就在史丹佛大學商學院擔任正教授。我開設的組織生活權力學是最受歡迎的選修課，不是因為我很有個人魅力或者很吸引人，也絕對不是因為我的教材符合主流精神。我的課程成功的原因是，套用一句我學生的說法：「您的課程幫助我們了解每天要面對的世界。」而且我的作法會讓很多人明顯變得更有效率、更成功。

史丹佛大學商學院的座右銘是：「改變人生、改變組織、改變世界。」改變，需要權力才能發生。如果不需要權力和影響力就能做到，那改變早就發生了。改變的第一步就是讓自己（還有你的盟友）處於可以發揮影響力的位置，整本書將反覆提到這個概念，如此一來你們所做的努力就能發揮出更大的影響力。如果你想聊輕鬆愉快的主題，那可就來錯地方了。

我平常讀的書反映了這個心態。我放在桌上的書包括曾獲強森獎（Samuel Johnson Prize）肯定的《獨裁者養成之路：八個暴君領袖的崛起與衰落，迷亂二十世紀的造神運動》（*How to Be a Dictator: The Cult of Personality in the Twentieth Century*）[16]、《作弊的人總會贏：美國的故事》（*Cheaters Always Win: The Story of America*，暫譯）[17]，以及我在史丹佛法學院的同事、已故的黛柏拉・羅德（Deborah Rhode）所著的《作弊》（*Cheating*，暫譯）[18]。這幾本書對於歷史和人類行為的現實情況瞭若指掌、深入透徹，都是值得一讀的好書。他們傳達的訊息是：即使大家「堅信人們通常都能得到應得的東西」，人生依然不總是公平的[19]。

人們會受到自戀者和暴君吸引，會不自覺地朝那些人靠攏而投票給他們，或者為他們工作賣命，最後往往會產生糟糕的結果。誠實不是必定會產生的，而是需要制度架構和制裁來組織社交生活、減少作弊和欺騙，可惜這種架構和制裁通常不會存在。你們懂我的意思吧。

社會學家莫瑞・艾德曼（Murray Edelman）寫了幾本有關政治語言的著作，我特別喜歡其中一段話[20]，用我自己的話詮釋就是：政治經常遇到的情況就是其中一方是雄辯、另外一方是現實。儘管我們聊了權力動能的改變、新權力、權力的式微等等，但是正如同魔術師會轉移你的注意力，讓你看不到他的花招，人們的注意力也經常不會放在那些能讓自己更成功、更有效率的基本道理。如果你讀了這本書、遵循我的建議，就**不會**變得跟他們一樣。

我還有一個建議。當你聽到其他人，尤其是領導人、學者、「大師」（我很討厭這個名稱），提供建議和告訴你他們自己的故事，麻煩你稍微調查一下，你可以透過線上資料庫和其他資源取得豐富的資訊。你上網查查看有多少人提起訴訟控告這些人，看看各式各樣的網站如何描述他們的領導風格。可以再進一步查查與這些完美的領袖和導師合作過、或曾為他們工作的人，問問他們組織內的實際情況，或者那些領袖的行事作風，也可以去找一找與那些人有關的報導。簡而言之，就是**批判思考、調查實情**。你很快就會發現一件事，借用莎士比亞《哈姆雷特》中的一句台詞：「那位女士解釋得太多，有點此地無銀三百兩。」那些最用力、最大聲擁護真誠和公開透明的人，都是最不可能做到這兩件事的人。

你當然不一定要相信我，還有我提出的那些令人眼花撩亂、支持權力法則的社會科學證據。但是，你可以相信自己的雙眼——只要你願意睜大雙眼去看。

前言　權力、做完事情和職涯成就

二〇一九年五月十日，路凱雅．亞當斯（Rukaiyah Adams）獲頒史丹佛商學研究所的「綴織掛毯獎」（Tapestry Award）。這個獎項意在表彰「在專業領域和個人生活中，編織出啟發人心的領導能力、出類拔萃的才智和服務精神」的非裔美國人。[1]亞當斯目前任職於邁耶紀念信託（Meyer Memorial Trust），總部位於奧勒岡州的波特蘭，她在這間市值七億五千萬美元的公司擔任投資長。在此之前，她是董事會主席，掌管奧勒岡州一千億美元的公共年金和其他資產。亞當斯修過我的課，她是一個擁有法律學位的工商管理碩士學生，二〇〇八年畢業之際，面對的是慘不忍睹的就業市場，很難找到適合自己的職位。她是一位黑人女性，而資產管理產業的非裔美國人和女性都很稀少。

根據最近一項研究顯示，全球的金融資產高達六十九兆一千億美元，而女性和有色人種只擁有其中的不到一．三%。[2]亞當斯迅速找到解決之道，將她面臨的問題轉變成優勢。她說：「這些組織顯然都不會給我權力和機會，所以我必須自己創造。」她後來在一間避險基金找到工作，在那裡成為所有人都信任的好朋友。亞當斯的回應是：

> 我身為黑人女性，以前只能在組織裡當個局外人，現在卻成為資訊流通的管道。大家會告訴我他們想提出的意見，但是他們都太害怕所以不敢自己說，因為他們都背負著支撐家計的重任，大多數人的配偶都沒有工作……我當時年輕又是單身，而且他們早就認定我完全是個局外人，所以覺得可以告訴我這些事，讓我提出意見。接下來，行政團隊需要資訊的時候就會來找我……我因此處於擁有權力的位置。接著我升官成為營運長，我一坐上這個位置，投資人就會在不同的時間點來找我，希望我告訴他們實話。

二〇一二年，亞當斯的工作是為波特蘭一間金融服務公司管理六個交易團隊，以及市值六十五億美元的資產。

路凱雅．亞當斯完美掌握了在我課堂上學到的一切。她了解身處溝通網絡中心有多麼重要，我會在第五章探討拓展人脈的重要性時，再次討論這個主題。最重要的是，她了解權力的第一大法則：不要成為自己的阻礙，不要期待公平正義的世界，當然也不要遵循會讓她陷於不利的規則，而是創造她自己的規則、打下自己的戰場。

我很想說亞當斯的成功全都歸功於上過我的課，儘管她在得獎感言中提到我，不過她最終是以名列前茅的優秀成績取得工商管理碩士學位，還有兩項專業的學位，這可是她自己的功勞。權力通常不是成功最主要的原因，但是從路凱雅・亞當斯的故事就知道，權力能幫助你發揮表現和才華。工作上的表現固然重要，但是如果沒有人注意到你的表現，一切都是徒勞。權力和績效都能讓你在職場上有所進展，而權力和績效相互結合能讓你走得更遠。

亞當斯接受了權力的原則，也了解該如何運用權力原則取得有影響力的職位，如此一來她便能達到個人目標，同時改善社會問題，她告訴我：「我想我算是汲取了黑人女性臨場發揮和存活下來的力量。」

不是所有人都能如亞當斯一般接納權力法則。我很了解要某些人接受權力相關的知識，以及實際去運用這些方法時，都會面臨的心理障礙。很多人上相關課程，或是閱讀我有關權力的著作時，都會經歷好幾階段的抗拒。本書前言的目的，就是讓你更快速地走過懷疑和抗拒階段，這樣才能開始學習，更重要的是盡可能迅速地活用這些知識，改善自己的處境。

權力是用途廣大的工具

權力的最基本概念就是，它是一種工具。如同大多數的工具，一旦精準掌握了權力，就能用來完成好事、駭人聽聞的壞事，以及所有介於好與壞之間的事情。重點是：不要將你對「權力」本身的反應，與對別人如何又為何使用權力的反應混為一談，尤其是在別人用權力成功對付你的情況下。不要怨恨在社交生活中不可避免、無所不在的權力，而是要征服權力。

下面這個例子告訴我們，如何看見權力、學習使用權力，而非用結果來衡量權力。一九八五年，已故的約翰．雅各斯（John Jacobs）[3]當時是史丹佛大學奈特新聞獎學金（Knight Journalism Fellow）的獎助學生，他也來修習我的課程，之後成為麥克拉齊報業集團（McClatchy）的政治記者主管，後來送我一本他與人合著的書。書中的題詞寫著：「獻給傑夫瑞．菲佛，他絕對會欣賞這個人的權力基礎。」那本書是《渡鴉：吉姆．瓊斯牧師與他的信徒不為人知的故事》（*Raven: The Untold Story of the Rev. Jim Jones and His People*，暫譯）。[4]瓊斯在離開美國到圭亞那實施集體屠殺和自殺之前，運用了許多我教導學生的技巧，有效地滲透了舊金山的政治權力結構。

瓊斯與卡爾頓．古德雷特博士（Dr. Carlton Goodlett）交情不錯（符合我的第五法則「拓展人脈」），古德雷特博士當時是舊金山很有權力的非裔美國人，他經營的報紙給了瓊斯不少版面。瓊斯會送禮物給政治人物，邀請他們參加人民聖殿（Peoples Temple）的活動和晚宴，展開所謂的互惠規範，這種規範非常強大，即使明知對方不見得會知道自己的互惠行為，還是願意回報對方。[5]

瓊斯讓人民聖殿的成員為未來的舊金山市長喬治．莫斯科尼（George Moscone），以及多名民主黨候選人擔任志工，為一九七五年的選舉宣傳造勢，他們的努力幫助民主黨在那一年全面接管舊金山的市政。瓊斯確保所有受益的人都清楚知道，資金和志工來自何方，他不只依賴這層互惠關係，還向所有政治人物發出訊號，告訴他們瓊斯掌握可觀的財富與人力，只要與他站在同一陣線就能享受到好處。莫斯科尼打贏選戰後，瓊斯請他牽線與舊金山住房管理局的人見面，瓊斯和他的教會因此獲得合法性，此外還有大量對他有利的報導，幫助他建立積極正面的形象。[6]

吉姆．瓊斯運用了許多能有效取得權力的技巧，並不會讓這些技巧因此變成不好或錯誤的行為，瓊斯用來達成邪惡意圖的作法也能用在好事上。特別在此說明一下，我寫這本書是為了盡可能教導你們權力的法則，以及如何使用。你們要運用這些知識達成什麼目的，是由你們自己決定。我用價值中立的方式教導你們權力法則，就像是教導原子能的原理一樣，而我這種教學方法與許多人都不一樣。

許多領導力教育的從業人員，都將自己的角色定位為傳道者，教導他人道德、價值和理想，也許還會提到社會科學，尤其是與理想相符的社會科學。他們可能不會讓你接觸關於自戀的研究[7]，或是說謊頻率以及說謊之後不會造成任何後果的相關研究[8]，因為他們認為這些主題都令人不安。我完全不同意這種立場。不是說理想、價值、諸如此類的事情不重要，那些事情當然重要，但是將「原則」（也就是道德或倫理原則）與學習領導能力的技巧和策略混為一談，會衍生三個問題。

首先，教導倫理原則實際上能不能提升符合倫理的行為，顯然沒有得到明確而統一的證據支持，儘管研究人員設計了研究典範企盼找出證據，例如給予受試者假設處境，或衡量他們對合宜行為的認知而非實際的行為，結果還是有待商榷。舉例而言，澳洲某所大學進行一項配對實驗研究（也就是以人口統計學和其他特徵將受試者配對，接著讓其中一個人接受倫理訓練，另一個人作為對照組什麼也不做），研究結果卻是「倫理教育對學生在應對倫理兩難時的影響有限。」[9]

一項針對學生作弊行為的研究發現，教育或訓練對於實際作弊行為完全沒有影響。[10]某篇文章的結論指出，教導學生「商業和社會」以及「企業倫理」的課程，其改善效果「都十分短暫」。[11]一篇以企業倫理訓練為題，算是很全面的回顧文獻特別指出，訓練效果的證據並沒有說服力。該文並表示：「將責任管理原則融入訓練，不會自動讓人在實踐專業的過程中改變行為，因為僅靠認知成長並不會在工作上產生負責任的能力和意願。」[12]

第二，除了家人和神職人員之外，沒有人有權力甚至是義務決定別人一生的目標應該是什麼，這一點很多人還不了解。我們可以告訴別人自己對個人和組織行為的認知，幫助他們思考如何做出決定。但是在我看來，其他人想用這些知識達成什麼目的，是由他們自己全權決定。

第三，手段與目的之間的關係存在根本上的問題，這是哲學界始終爭論不休的議題。[13]如果是崇高又值得達成的目標，是否應該限制達成目標的策略或手段呢？又應該設定什麼樣的限制？紐約的「建築大師」羅伯特・摩西斯（Robert Moses）是二十世紀最有權力的人之一，他對紐約城市發展的強大影響力延續長達四十年，他曾說過一句名言：「若結果不能將手段合理化，那什麼事才可以？」[14]（我在第二法則「打破規則」一章會更詳細地介紹摩西斯。）

人們無法成功達成目標，或是在升官競爭中失利的原因之一，就是他們不願意做那些可以取得優勢的事情。事實上，下一章介紹的權力第一法則，就是要人們別阻礙自己，其中還包括別對自己施加那些會導致效率變差的限制。決定要採取什麼手段、追尋什麼目標是個人選擇，但是做出選擇之前，我想你需要先盡可能了解哪些做法有用、哪些沒用，以及原因為何。你也必須知道某些競爭對手不會跟你一樣，他們很樂意「孤注一擲」、想盡辦法獲勝。

政治技能會影響職涯成果嗎？

一名來自奈及利亞的女士在上我的領導學程（LEAD program）權力學線上課程後，寄了一封信給我：

> 我申請領導學程是因為覺得自己完全沒有權力，我身為女性，在由男性主導的地球科學和工程領域中顯得孤立無援。我的前任老闆比我年長二十歲，幾乎是日復一日地霸凌我，當時真的很難熬。
>
> 後來我上了權力學課程，開始運用學到的建議：不立刻回應、在發言中展現權力（第三章的主題）、拓展人脈和建立影響力（她創立了非營利組織，為有前途的女性和其

他年輕專業人士建立人脈），現在老闆和其他同事都只能對我望塵莫及。他們很尊重我，而最美妙的是我再也不用擔心他們，因為我現在可以跟公司各個高階主管一對一溝通。

我現在的生活沒有壓力，可以經營我自己的事業，還能幫助其他人，在世界各地綻放我的光芒，我從沒想過自己能活出這樣的人生。人必須擁有權力，權力可以改寫人生的故事。

追隨權力法則讓她在兩個月內改變人生，那是因為權力能改變人與人的關係，而且通常都是正向的改變，還能讓擁有權力的人更有自主權，可以掌握自己的人生。因為權力讓人更獨立和成功，所以讓人過得更快樂，正如我這位奈及利亞學生。

根據一份研究顯示，擁有權力的感覺與高度的主觀幸福感有所關聯。有人研究了握有權力的感覺（例如：「我覺得我很有權力」）與對人生滿意程度（例如：「我的人生在大多數層面都接近我的理想」）、正面及負面情感（意即他們的心情和情緒）之間的關聯，研究得到的結果是即使在統計中控制性別和其他性格向度的影響，還是發現權力可以帶來幸福感。[15]「相較於權力較低的受試者，擁有高度權力的受試者，對人生的滿意程度高出一六％，感受到的正面情感高出一五％，負面情感少了一〇％。」[16]

當然，成功（也就是快樂與幸福感）在不同人眼中的意義也不盡相同。我不是倫理學家，無法提供各位人生建議或指導，所以無法說得太多。但是身為社會科學家，我（還有正在閱讀本書的你）可以去看看相關研究文獻，考量那些衡量職涯成就的特定指標後，想想看究竟是什麼事情能達到那些成果。現在回到這本以權力法則為主題的書，讓我們認真地談談第一個也是最基本的問題，那就是：擁有政治技能對發展和取得權力而言真的重要嗎？採取行動追求權力的人真的能擁有更好的成果嗎？

佛羅里達州立大學的傑拉德．菲瑞斯教授（Gerald Ferris），與同事花了很多年的時間解釋和評測政治技能，研究政治技能對個人和其職涯的影響。他們最近出的一本書概述了延伸研究的成果，他們將政治技能定義為：「在工作上有效理解他人的能力，而且會利用這些知識影響其他人的行為，以提升個人和／或組織的目標。」[17]政治技能就是完美掌握權力的動能，目前已有豐富的研究可以證明政治技能會影響職涯。菲瑞斯和同事的結論是：「政治技能是職涯是否成功最有力的指標。」[18]這裡有個延伸經驗證據的小案例，足以說明為什麼我們應該堅持不懈地培養政治技能。

研究者找來一百九十一位在不同領域工作的人，評估政治技能與總報酬、升職、職業滿意度、生活滿意度、外部工作流動性這五項職涯成果的關係，結果發現政治技能與其中四項有所關聯。[19]有人研究了德國公司中獲選為代表的員工，評估他們在晉升選拔中的表現後，發現政治技能與職涯成就息息相關。[20]一篇回顧文獻分析了兒童福利機構調查團隊的表現，發現團隊表現的分數差異，大部分都能用團隊領袖的政治技能來解釋。[21]一項概述多個研究成果的全面統合分析發現，政治技能的影響與工作滿意度、工作產量、職涯成功和個人聲譽呈現正相關，與生理壓力呈現負相關。[22]這些研究都證實了菲瑞斯教授與其同事的主張，也就是政治技能會直接影響職涯成功。

政治技能影響職涯成果的另一個方式，就是讓人們更有技巧、更有效率地使用其他能發揮影響力的工具。舉例而言，政治技能可以幫助人們拓展和利用人脈資源[23]、讓他們更有效率地運用各種印象管理技巧[24]，幫助他們迎合上司[25]，以及改善上司和下屬的關係，意即建立起可以促進事業及其他交易的社會網絡和有影響力的人際關係，進而讓自己的職涯漸入佳境。[26]政治技能也能減少職場壓力源帶來的不良反應[27]，而減少壓力可以給人們更多能量、讓他們得以更加專注，幫助他們完成工作。拓展人脈、奉承或迎合、展現自信來打造正面的印象，這些能發揮影響力的技巧，都需要技能輔助來達到最佳結果。擁有更多政治技能，也會提升人們運用其他影響力技巧的能力。

加州大學柏克萊分校商學院的卡麥隆・安德森教授與幾位同事，以該校兩百一十四名校友為對象，做了一項長期研究，持續收集同一批受訪者的觀察資料。研究的依變項是受試者自評的權力指數，以及所屬組織中其他成員對他們的權力指數評估，結果這兩個權力的指標呈現高度相關。研究發現，和取得權力有關的行為，大多數是有主導性和侵略性的行為、政治行為、集體行為和稱職行為。他們的研究發現在這四種型態的行為中，政治行為的影響效果最強，其次是稱職行為。[28]

從大量的實驗研究來看，結果似乎很明確：政治技能和參與政治行為很重要，而且是非常重要。仔細思索後便會發現，這些事情對工作、人生滿意度、薪水和職位都會產生影響，其實這一點也不令人意外。因為只要一個人有更高的地位、更多的權力和更大的成功，就能感受到更多正面情感。

學習權力的階段

我發現儘管有充足的實驗證據符合我教導和撰寫的內容，也符合一般人對新聞等生活經驗的觀察，他們學習權力知識時還是不免經歷一連串的階段。第一個階段是「否認」。因為大家在其他地方讀到或聽到關於權力的說法，或者從家人身上學到，甚至是商學院灌輸他們關於權力的想法，都與許多權力的原則存在一些分歧，他們對權力的第一個反應都是：想辦法否認這些想法是正確的。即使人們在日常生活中看過，也不斷看見權力和政治行為的樣貌，還是會產生否認的心理，或者有可能是因為看到這些事實才會否認。

最常看到的否認形式就是，找出某位沒有遵循權力七大法則的成功人士當作反例。首先，單一個反例無法證明任何事情。有些癌症患者在鬼門關前走一遭後自然而然康復，這不表示仰賴病情自行好轉就是最好的策略。其次，許多當作反例的成功人士都很擅長以引人入勝的方式自我表達，還會不斷地四處宣傳這些故事，經過仔細審視後，你會發現某些反例根本站不住腳。

還有一種否認形式是「主張這些原則不適用於現代人」，因為社群媒體或新世代的崛起，已經改變了權力法則。也有人告訴我權力法則不適用於其他國家的文化，例如亞洲國家，也不適用於小公司、高科技產業或合夥關係。他們的否認以各種形式存在，但是一味否認組織和生活中無所不在的權力，有時候反而會導致不利的後果。

幾年前，我在住家附近伯靈格姆（Burlingame）的 Safeway 超市購物時，有人從後面叫了我一聲「菲佛教授」。一位我以前的學生走過來打招呼，告訴我那門權力學課程很實用，因為他更加確信自己不願意做課堂上教導的那些事情。他說自己與一些同學合夥投資，而且幾乎沒有運用到權力與政治操作。我回應他：「這樣很好。」理解通往權力之路，可能會讓人肯定地認為自己不想走上這條路。

幾年之後，我和那位學生又碰巧在同一間Safeway超市相遇。我跟他打了招呼，提到我們上次碰面時聊到的話題，我問他那間小投資公司經營得怎麼樣。他苦笑了一下，說自己不在那間公司了，因為他被合夥人趕出來了。他說即使是在自己共同創立的小公司內，還是無法逃避權力政治的現實。他度過了否認階段，但是付出了代價。

否認過後通常是「憤怒」，而且常常衝著我來，我一點也不意外。目前有龐大的文獻研究所謂的「殺死信使」現象，看看大部分的吹哨者落得什麼下場就明白，即使我們明明知道他們一點也沒錯。[29]人們不想聽見不想聽到的事情，只有寥寥幾人會感謝你告訴他們殘酷的事實，所以人們會想，**我怎麼可以教導別人這些糟糕又困難的想法，還跟傳統上擁護的領導學迥然不同？**

憤怒階段結束後，隨之而來的通常是「悲傷」。意識到權力法則是真實的，發現我熟讀社會科學研究文獻、了解組織行為的一些事，大家又覺得不太高興。他們不喜歡我在教材中暗示他們所處的世界、他們自身的行為，以及他們需要做的事情。他們還能相信誰？他們一定要時時武裝自己、保持警惕嗎？這個時候，我常常聽到「鬱悶」這個詞。

如果我成功了，悲傷就會轉變成接受，但是我當然不總是能成功。人們不只發現自己需要做什麼來改變生活、組織和世界，他們也了解自己唯一的選擇是追求和運用權力法則，或者選擇不這麼做並且承擔相應的後果。幸好我過去幾年有幸見到許多畢業生和其他人接受權力的概念，從而擁有十分了不起的成就。

少一點評判

有個方法能夠更快速輕鬆地達到權力的接受階段：少一點評判。

實行這項建議需要付出龐大的努力。因為這個世界總是不斷要求我們做出判斷和評價，不論是產品或體驗都一樣，於是我們培養出評判的習慣，但是事實證明許多判斷都是錯誤的。舉例而言，學生對老師的評價與學生學習狀況的客觀評量，這兩件事只存在非常微小的關聯。除此之外，其中的關聯也存在著情境上的差異，不能套用在所有老師、科目和教育階段上，「越客觀地量測學習狀況，越不會與評估結果有所關聯。」[30]另一個例子是：有人研究一千兩百七十二件產品後，發現使用者評價的平均並不符合美國權威機構「消費者報告」（Consumer Report）的分數。[31]之所以要減少評判，原因之一就是我們的判斷通常是既不準確也沒有幫助。

儘管如此，社會心理學界還是有大量證據指出：「我們每天對其他人產生的印象和評判，有許多都是在不知不覺間藉由直覺快速產生的。驚鴻一瞥或看上一眼，就能瞬間產生帶有評價的判斷。第一個判斷便會成為屹立不搖的支柱，產生接下來的判斷。」[32]一個人花十秒左右就能評判他人，而且實驗證明這些判斷不可動搖的程度令人驚訝。所以要學習減少判斷，確實需要耗費一番工夫。

評判他人會產生兩個問題，第一是如果想完成工作，就需要讓重要的關係運作起來。這個道理格外適合套用於組織脈絡，因為在組織中總是要相互依存，事實上你完成工作的能力非常依賴其他人的行為。一旦有人對另一個人產生負面評價，不管是評斷他人的才能、道德，或者是否夠格擔當職位，都很難完全隱瞞評價的內容。而且提出負面評價將很難與他人建立正面關係，想完成需要相互依賴的工作也會變得更困難，「我們的評判會干擾許多人際關係。」[33]

第二，評判是不快樂與不滿意的根源，因為我們內心的期望與實際情況幾乎總是會存在落差，而這種差異會讓我們感到沮喪、產生負面情感，這就是為什麼許多人都會建議少一點評判。德蕾莎修女說過一句名言：「如果你批評別人，就沒有時間愛他們了。」[34]美國詩人華特・惠特曼（Walt Whitman）則建議我們：「心存好奇，但不要妄下評斷」。[35]

實境節目《廚神當道澳洲版》（*MasterChef Australia*）曾邀請達賴喇嘛擔任客座評審，製作單位認為節目完成了史無前例的創舉，但是達賴喇嘛「拒絕給予評價，他說：『身為佛教僧侶，我不應該對食物挑三揀四。』……禪宗三祖僧璨大師於西元六世紀所著的《信心銘》有言：『違順相爭，是為心病。』道理非常簡單，將所有事情二分為喜歡的『順』、不喜歡的『逆』，會阻礙一個人覺悟。」[36]無獨有偶，《馬太福音》第七章第一節也寫道：「你們不要論斷人，免得你們被論斷。」

評判會阻礙我們建立有助益的人際關係，還會讓我們過得不幸福，這就是為什麼經常有人建議我們避免做出評判。評判權力這件事和在組織中做出評判，兩件事的後果相同，通常會讓人際交流變得更沒效率，或者讓他們因為組織生活的現實而感到沮喪。少一點評判、保持冷靜的態度工作，接受（或至少理解）組織中的權力和政治，同時做好更多心理準備來應對，會是比較好的做法。

權力法則只適用於白人男性嗎？

儘管有了民權法、發起無數次社會運動，還是有大量證據顯示：職場上依然存在著性別和種族偏見。除此之外，社會規範期待有色人種和女性應該做出的行為，往往與本書中討論到的權力法則有著天壤之別。尤其外界會期待女性和弱勢族群服從規定，而不是如同我在第二章所建議的打破規則，他們也經常在社會化的過程中被要求為了全體的福祉而努力，不能建立個人品牌（第四章）和拓展人脈（第五章），因為那些都是偏向個人主義和自我推銷的行為。對於一個人**應該**做什麼、應該呈現什麼樣子有所期待，就會產生一個很多人都問過我的問題：權力的原則和法則適用於女性和弱勢族群嗎？

面對這麼重要的問題，我可以提出幾個回答。首先，考量到研究結果，選擇適當的比較對象至關重要。舉例來說，相較於男性，許多權力法則和策略對女性而言效果比較差，這點毋庸置疑。不過，以這個例子來說，問題並不是女性或有色人種使用帶有權力的語言或展現有權力的樣貌，效果是不是比較差。問題應該是，使用帶有權力的語言和展現有權力的樣貌，效果會不會比不這樣做來得好？既然人們無法改變自己的種族和性別，問題就應該在於：如何以自己的身分盡可能有效率地取得權力和影響力。說到透過肢體語言展現權力的特定案例，柏克萊商學院教授兼非語言行為專家達娜·卡尼（Dana Carney）就指出，極少證據顯示女性做出各種傳達權力、地位和社會支配的非語言行為時，效果會比男性來得差。[37]

第二，我寫過一篇探討權力原則為何能長久存在於不同文化中的文章，我在文章中主張權力的許多面向都沒有變化。[38]大部分的組織和社會情境都存在階級，只要高層的位置比底層少，競爭幾乎是不可避免。評判人際關係的兩大標準「溫暖」和「能幹」，也存在於不同文化中。人們喜歡與自己相似的人，而基於自我提升的理由，人們也喜歡與他們認為會成功和掌握權力的人有所連結、建立起同盟關係，這些不變的社會因素，應該會影響所有人如何看待建立影響力的策略。

第三，有好幾位以前的學生告訴我，權力法則對他們而言其實很重要，了解權力動能可以幫助他們獲得成功，而這些學生中也不乏女性和有色人種。在此舉其中一人為例，塔迪亞・詹姆斯（Tadia James）是一位黑人女性，她先是在一間創業投資公司任職，之後成立自己的公司。回想一下我曾在這個章節前面說過的，全球的金融資產高達六十九兆一千億美元，而女性和有色人種只擁有其中的不到一・三％。[39]我問詹姆斯她是如何、又為什麼會推薦我最新一本與權力有關的書給所有人，接著討論到在課堂上和收到新書後的反彈，並且把重點擺在課程和書籍內容能否套用在所有人身上。她的回答如下：

> 課堂上出現反彈聲浪，是因為很多人覺得：「如果你是有色人種，權力法則就完全派不上用場，你是女性的話也同樣沒效。」但是我的經驗完全不是如此。了解如何鑽規

> 則的漏洞、了解如何與別人建立關係，好讓他們願意與自己打交道，如果想發展自己的職業生涯，這些事情都至關重要。
>
> 如果想完成工作就必須取得權力，而獲取權力的過程可能會讓許多人覺得不自在，因此我認為相較之下，直接說「那些事情無法套用在我身上」其實容易得多。我也認為相較於實踐權力法則，直接說「那對我沒有用」更輕鬆，因為這會讓他們比較好過。因為他們知道假如這些策略可以運用，而且行得通，他們就無法抱怨了，因為他們已經知道相關知識。

茵寶・德姆利（Inbal Demri）是一位與我在線上和實體課程合作的高階主管教練，她很積極地與史丹佛大學管理層的女性接觸，我們討論過重新架構這件事情。她是這麼說的：如果想建立權力和影響力，就需要採用可以學習和發展的特質和技能。競技場上並不公平又存在很多問題，而且弱勢族群，例如女性，總會承擔到惡果。但是她接著問：你是用這一點當作藉口，還是當作資訊？她強調的是重新架構的重要性，例如對性別角色的期待。

德姆利指出，社會大眾預期女性在拓展人脈時會考量公共利益。她重新架構後的說法是：對人際關係採取策略思考並確保雙方互惠，同時了解女性需要不同類型的人脈網絡。以可見度來說，成為「唯一」或少數之一可以讓你脫穎而出。德姆利說：好的，那就將你的可見度、你的與眾不同轉變成優勢。第三個例子：外界預期女性要幫助別人、為他人發聲，還要為更大的利益著想。德姆利重新架構後的說法是：要記得為自己著想，不要忘了自己的利益和意識形態，因為如果你不為自己發聲，別人也不會為你的利益而努力。

茵寶・德姆利的基礎論調，正如同我聽到許多功成名就的女性和有色人種所說的：人們可以把世界的不公平和許多對自己不利的情況當作藉口，而不願意嘗試建立權力，但是他們將會因此一無所獲。人們需要了解自己因為種族、性別、社會階級等原因而面臨的阻礙，不過接下來要做的就是精通追求權力的技巧和權力法則，才能提升他們的職涯發展。

又或者像愛麗森・戴維斯布雷克（Alison Davis-Blake）一樣，她是明尼蘇達大學商學院首位女性院長，之後成為密西根大學羅斯商學院首位女性院長，接著擔任賓利大學（Bentley University）校長，她告訴我的學生：「女性需要做得比別人好兩倍，才能獲得別人一半的讚揚，幸好許多女性做得比其他人好四倍。」

當然，要依據你自己的作風與身處的情境來運用權力法則。重點是一定要使用，因為權力法則真的有用。

法則一

不要成為自己的阻礙

克莉絲汀坐在我的辦公室裡，她曾經上過我的權力課，先前在一間大公司擔任管理顧問，之後去唸了商學院。她目前任職於矽谷一間享譽盛名的公司，負責市場分析工作，最近剛完成一個經濟效益高達四百萬美元的專案。但是她遇到了問題：四人團隊中的其中一位同事去找他們的老闆，建議克莉絲汀和其他團隊成員直接向自己回報工作。這是個高招，因為他不僅讓競爭對手降了一級，還可以將整個團隊的出色表現攬在自己身上。

克莉絲汀出身亞裔家庭，父母從小教育她要對別人恭敬有禮，必須靠著勤奮工作和優秀成果取得成功。她說在我的課堂上學會用「邁向權力之路」解決問題，但是在那之前她試過非常不一樣的做法。她先上了史丹佛商學院數一數二的熱門選修課，也就是又稱為「真情流露」（Touchy-Feely）的「人際動力學」（Interpersonal Dynamics），這是一門以敏感性訓練為基礎的課程，幫助學生了解他人對自己的看法，從而培養人際間的互動技巧。

我問她修這門課與她的處境有什麼關係，她回答：課堂上教導學生如何培養了解自己和他人的技巧，以及修補變質關係的方法。那麼效果好嗎？不太好，因為她的同事兼競爭對手不是很想建立正面的人際關係，或者修補兩人之間的摩擦。他反而是堅持要克莉絲汀的團隊向他回報工作，才能讓他的事業更上一層樓。她想知道自己該如何是好。

制定策略之前，我發現克莉絲汀在簡短的談話中幾次提及自己是職場中唯一的女性（三名同事和老闆皆為男性），也是最年輕、最資淺的員工。我確定她說的一點不假，因為這些都是顯而易見的統計數字，不過我告訴她另外三個可以描述她的形容詞。你是團體中唯一一個擁有頂尖商學院工商管理碩士學位的人、你的分析技巧最頂尖，還完成了經濟效益最高的專案。她稍微挺起身子，同意我的說法。

我接著告訴她，現在有六個描述你的形容詞，其中三個表示你不值得升職，另外三個代表你值得更高的地位，你可以選擇要將哪三個形容詞牢記於心。一個人對自己的看法，總是會影響他呈現在別人面前的樣貌，以及自己會採取的行動。我們的學習重點是：用傳達權力的形容詞描述自己，不管那些貶低自己的形容詞是否準確、公平或不公平，都不要使用。

克莉絲汀最後打贏了這場權力鬥爭，怎麼打贏的不重要，因為沒過多久她就跳槽到其他公司。新公司的主管因為權力鬥爭失敗離開後，她換到一間更看重她分析能力的企業，而該企業後來更是以今日來看非常可觀的價格上市。雖然戰術確實很重要，但是她提升自身影響力的道路，並非始於一系列的戰術，而是讓自己參與組織生態中經常遇到的爭權奪勢競爭，並且深信自己擁有權力、值得更好的待遇。

不得不說，她的故事實在是經典案例。明明是才華洋溢又擁有卓越成就的人，卻用貶低的形容詞看待自己，如果這種看法內化成為他們的一部分，絕對會限制他們的前途，然而這樣是不對的。大權在握、造詣高深、功成名就的人訴說自己的故事時，對自己的天賦和成就總是輕描淡寫，這種行為一點幫助都沒有。

許多人，尤其是護理、醫學和學術界的專業人士，不論是教師或博士班的學生，都經歷過學術研究中提到的「冒名頂替症候群」，特別是那些經常遭受歧視的族群，例如女性或者父母都不是高學歷的第一代大學生。

「**冒名頂替症候群**」是心理學詞彙，指某些人（即便是有足夠理由證明其成就的成功人士）懷疑自己的能力、害怕別人揭穿自己是冒牌貨，而不斷感到恐懼的行為模式。[1] 冒名頂替症候群於一九七八年首次記載於文獻中，不過針對這個現象的研究直到近年才逐漸增加。根據證據顯示，在特定環境中有高達三分之二的人受到冒名頂替症候群影響，最重要的是，這種症狀可能會讓人陷入自我否定的循環。「冒牌者會覺得自己很容易失敗，可能因此降低生產力，變得沒有安全感又經常拖延……成為惡性循環的一部分。」[2]

在談論經營個人品牌的課堂上，一名擁有史丹佛大學醫學學位的優秀女性，分享了一個精采的故事，她提到自己上班的公司與生產的產品，以及工作與她自身經歷的關聯。她後來偷偷告訴我，面對全班同學講話時她真的非常緊張，心怦怦地跳個不停。人們對於有自信的事回應起來總是比對懷疑更積極，但是緊張感還是時不時地「跑出來」。此外，有冒名頂替症候群的人打從一開始就沒有意願拋出想法或展現自己。冒名頂替症候群是真實存在的情況，也是決定一個人是否會成功的重要關鍵。

克服冒名頂替症候群的方法之一，就是把焦點放在職位比較高的人身上，看看他們與自己是否不同。許多身處高位的人能力不見得比你好多少，因為成功有時候是靠運氣，或是靠投胎投得比較好。另一個擺脫冒名頂替症候群的方法，是做這位女士和其他人有時會做的事：即使在感到不自在的環境下，還是逼迫自己展現和推銷自己。經驗越多就會越自在，技巧也會越純熟，克服冒名頂替症候群正是邁向權力的第一步。

征服冒名頂替症候群，避開自我貶低的說法，用積極正面的詞彙描述自己，是獲得權力與成功的關鍵。如果你不認為自己握有權力、稱職能幹、值得更好的待遇，就有可能透過暗示或明示的方式，將這種低估自我的評價傳達給其他人。你在自己眼中很有成就，可是別人不會以同樣的眼光看待你。同事們通常會預期你至少會在某種程度上自我擁護和自我推銷，如果你沒有那麼做，就是對自己不利。

我與知名社會心理學家羅伯特．席爾迪尼（Robert Cialdini）共同撰寫的論文中寫道：「根據證據顯示，如果一個人對自己或自己的工作沒有抱持正面態度，其他人就會視之為負面訊號。」[3]所以，如果你不展現權力和自信，你呈現自己時所展現的野心和主權又有限，那麼你的社會地位和職業生涯將會吃虧。（第三章將更全面地探討以肢體語言和言語展現權力的重要性。）

接下來我將教各位一個實踐練習，你們可以時常重複做這個練習來自我發展。首先寫下你用來對自己和他人描述自己的形容詞，再向朋友確認你寫的形容詞對不對。然後問問自己，如果想展現出更有權力、更強大的樣子，應該擺脫掉哪些形容詞。接著再問問自己，有哪些形容詞能展現出你的成就與能力，卻是你在與他人互動時經常忽略的。

還有另一個相關的練習：記錄下你在專業環境中一整天或一整個星期與他人的互動，接著分析你有多少次互動是以道歉開場，因為闖入、打擾、占用他人時間或提出你的想法而道歉。問問朋友和同事你有多常主動參與討論、強勢地提出意見，又有多常在與人交流之前以道歉開場。

還有第三個練習，你們也應該試試看。當你向其他人介紹自己、闡述自己目前的職業生涯、打造自己的個人品牌時（我將在第四法則中更詳細討論這個主題），你會提到自己的成就、自己的學歷，或你成功做了哪些事情嗎？還是會試著保持謙虛和低調，輕描淡寫地帶過自己的成就、擔任的職位、獲得的榮譽，不張揚自己的才華？

藉著這幾個練習釐清該如何改變自己的形象和自我呈現方式，減少因為太謙虛而阻礙自己的頻率，避免使自己無法施展和追求權力。改變你的言行和對自己的態度後，很有可能就會找到最適合自己的位置。那是因為自我知覺理論主張：「一個人之所以『知道』自己的態度、情感和其他外部狀態，一部分是來自觀察自己的外在行為而做出的推斷。」[4]當人們描述自己的態度時，可以依據現有的資訊釐清自己的態度，如果自己的行為傳達出特別明顯的訊息，就會影響他們的信念和態度。[5]因此，一個人可以藉由表現得更有自信來增加信心，也可以透過以更強而有力的方式描述自己，來建立自己的權力。

大家常常擔心自己在職場上的競爭對手、擔心老闆對自己的看法，或者擔心自己的技能是否比較出眾，儘管這些事情都很重要，但是掌握權力的最大阻礙，正是我們自己。因此，追求權力的第一法則就是不要阻礙自己。

這不是不可能做到的。舉例來說，我們史丹佛會依據課堂參與度來打分數。學季剛開始的時候，總會有幾名學生來找我，說他們覺得參與課堂討論很不自在。因為他們很害羞、因為他們不認為自己能在討論中貢獻多少、因為他們不像其他同學般伶牙俐齒、因為英語不是他們的母語，原因可以列出長長一串。而我的回答都一樣：大部分的社交生活，應該說在絕大多數組織中的生活，都得仰賴**溝通**。社會學有一門領域叫做言談分析，我在史丹佛的博士後同學、已故的迪卓拉．波登（Deidre Boden），曾寫過一本書討論商業中的語言和言談。[6]

我的觀點是：學生如果想將自己的知識與才學潛力發揮到極致，就必須在構成組織生活的溝通中建立自己的話語權。

我的課堂是個風險相對較低的環境，可以讓他們開始練習和嘗試。到了學季末，經常看到的情況是學生的參與度變高了，他們的熱情與活力遠比自己想像中來得高。不管他們在短短十週內取得多少成果、付出多少努力參與討論，能脫穎而出就值得了。

改變對自己的論述

二〇二〇年冬季，我有幸在課堂上認識克莉絲汀娜・崔伊提諾（Christina Troitino）。她做過很多了不起的事，其中兩件事我會在下一章講到打破規則時再提。她的家人大多住在委內瑞拉，所以她曾經陷入非常艱困的處境。我詢問她是怎麼走出自己的路，以及該怎麼做才能像她一樣大膽無畏，因為她真的做了許多非常大膽的事情。她這樣回答我：

> 我總是覺得自己很不要臉。我大學畢業後的第一份工作被剝奪許多權利，我在亞馬遜集團工作，馬上就發現最有能力的人往往都不是握有權力的人。《紐約時報》曾撰文表示我在亞馬遜任職的團隊管理不善，我也清楚發現對我這個年齡層的人而言，在公司

> 等待一階一階升職這種傳統道路不是獲得權力的方法。除此之外，我是拉丁美洲裔，是拉丁美洲商學院學生會（Hispanic Business Student Association）的共同主席。同時我也是在科技產業中處於弱勢的女性，因此我非常清楚，如果想和那些具有優勢地位的人一樣，取得相同程度的權力，我就必須採取與眾不同的作法。[7]

克莉絲汀娜的作法絕對與眾不同，我將在下一章更詳細地介紹。她的故事闡述了兩個重點，第一，經驗告訴她世界不會總是公平正義的，所以她必須自己留心。這是每個人都要學會的課題，即使是有優勢的人也一樣，遑論女性和有色人種。第二，克莉絲汀娜展現出絕佳的自我意識，她知道自己即將面臨阻礙，也很清楚這些阻礙會如何迫使她為了成功而採用與眾不同的做法，這正是整本書將一再提到的主題，尤其是下一章介紹的第二法則「打破規則」。明白自己在生態系統中的位置，以及該做什麼才能成為贏家，這是所有人都最好要培養的自我意識。

願意不擇手段——別逃避權力

每個人都能決定自己願意做什麼以取得權力，甚至是想不想要權力。這幾年來有數不清的人告訴我，他們如果去玩爭權奪勢的鬥爭，或是諂媚老闆，又或為了戰略目的建立人際關係，或者花時間宣傳自己的成就以提升影響力，都只是徒勞，一點也不值得。畢竟，如同哈佛商學院的蘿莎貝絲·摩斯·康特教授（Rosabeth Moss Kanter）在一九七九年所寫：「權力是美國最極致的骯髒字眼……擁有權力的人都會否認，想要權力的人都不想展現對權力的渴望，而參與奪權陰謀的人都要背地裡進行。」[8]

認為權力邪惡或骯髒的人，可能會誓言放棄權力，不願意「參與這種遊戲」。我的同事黛博拉·葛倫費德（Deborah Gruenfeld）寫了一本很棒的書《懂權力，在每個角色上發光》（*Acting with Power*）[9]，其中一則正面的書評總結了許多人的想法：「我在共產波蘭長大，我們的領袖總是用權力追求自身的利益，所以我一點也不嚮往獲得或使用權力。對我而言，權力只是高位者用來脅迫他人聽話辦事的工具。」[10]看過別人用權力獲取自身利益或傷害他人之後，人們就會選擇不追求權力。但是不追求權力的人會付出代價：如同我在前言中說的，政治技能與職涯成功和獲得幸福的各種方法息息相關。

為了讓大家至少在思考時更有彈性和策略性，我給學生看了一篇有關美國男子足球的文章，文中問了一個有趣的問題：球隊不擅長而且拒絕用誇大的接觸動作來製造犯規，是否會陷己方於不利？

一篇《紐約時報》文章描述了許多隊伍的行為，並且寫道：「不論好壞，在比賽中使用小動作或假摔（你或許會視為作弊行為），都是高水準職業足球的一部分。球員會誇大接觸動作，把平凡的小問題放大，把反覆發作的小傷說得像是與死神擦身而過。」[11]足球選手可以靠這些方式製造犯規、獲得自由球，或是讓對手因為犯規被驅逐出場，進而增加贏球的機會。文章中列了好幾位知名球星，包括C羅和蘇亞雷斯（Luis Suarez），說他們「常常摔倒在地，尤其是在發現自己快要失去球權的時候。何樂而不為？假摔成功的話就能得到自由球，不成功的話也沒關係，反正球終究會離開自己腳下」。西蒙・庫珀（Simon Kuper）在著作《足球經濟學，暫譯》（*Soccernomics*）中寫道：「英國球員長期以來拒絕假摔是令人欽佩的文化規範，但是他們如果多跟歐洲大陸的球隊學學如何買犯，或許能夠贏得更多場比賽。」

在足球或籃球中，製造犯規算是很常見，而且很少人不贊同，這個道理也適用於組織生活中。不同的人都願意做不同的事來取得成功，你不願意經營人脈、諂媚上司或自我推銷，不代表所有競爭對手都和你一樣謹慎保守。有些人選擇不做其他同事願意做的事，亦即建立權力的戰術，就會讓他們自己陷於劣勢。

基本要點就是：每個人都能選擇，不只是選擇對自己的看法，也可以選擇他們為了角逐權力願意或不願意做的事情。你可以選擇去做，也可以選擇不做。你可以困住自己，或是像克莉絲汀娜．崔伊提諾一樣「採用與眾不同的作法」。

堅持與彈性的重要

「願意不擇手段」的重點之一，就是即便遭遇反對、批評、障礙、挫折和失敗，都願意繼續努力追求權力、貫徹到底。幾乎所有人在人生或職涯中的某個時刻，都會碰到似乎無法克服的困難，或者是遇到採取不公平的手段貶低他人、散播敵人不實資訊、意志非常堅決的對手。因為困難是不可避免的，所以我相信「堅持」和「彈性」這兩個特質——也就是堅持目標、同時保持理智，懂得在必要時變換策略或作法，將決定一個人能否成功掌握權力。

我舉幾個堅持和彈性的例子：

八十多歲的威利．布朗（Willie Brown）是任職最久的加州眾議院議長，目前仍然是加州最有權力的政治人物，他在舊金山某個選區第一次參選眾議員時失利，第一次角逐議長寶座也以失敗收場。

亞瑟・布蘭克（Arthur Blank）和柏納德・馬可斯（Bernard Marcus）被裝修工具公司Handy Dan解雇之後，共同創立了家得寶（Home Depot）。[12]

Netflix執行長里德・海斯汀（Reed Hastings）早年創辦和經營一間軟體公司Pure Software，當時的創業經驗對他而言顯然是好壞參半。海斯汀說他因為自己做的某些決定而感到非常挫敗，還兩度要求Pure Software的董事會為公司尋覓新的執行長。[13]

我的學術研究生涯，始於伊利諾大學香檳分校商業與企業管理學院（College of Commerce and Business Administration），當時我吃了許多頂尖科系的閉門羹，而時任企業管理學系主任的行銷學學者賈格迪西・雪斯（Jagdish Sheth），決定聘請研究主題比較非主流的學者擔任教職，藉此發展企業管理學系。八年後，我成為史丹佛的正教授，憑藉的就是我的論文研究「資源依賴理論」[14]——這個讓我一開始求職時四處碰壁、飽受批評的研究題目。

薩菲・巴考（Safi Bahcall）撰寫的《高勝率創新》（*Loonshots*）一書的副標題非常有趣：如何培養可以打贏戰爭、治療疾病和改變產業的瘋狂點子。當然，瘋狂的點子通常一開始都不會奏效，也會引起巨大的反彈。巴考提到的其中一個例子是猶達・福克曼醫師（Judah Folkman），他如果還活著，絕對是呼聲最高的諾貝爾醫學獎候選人。福克曼是小兒外科醫生，任職於波士頓兒童醫院。巴考在書中寫道：

一九七一年，福克曼提出癌細胞會與宿主產生相互作用，發出訊號欺騙周遭的組織，形成適合腫瘤生長的環境……他的想法是設計一種全新的藥物，阻擋癌細胞發出的訊號，摧毀生成腫瘤的管道。換言之，就是讓腫瘤餓死的藥物……接下來的三十年間，福克曼的想法大概每隔七年就會經歷一次循環，在難堪至極的失敗後輝煌無比地重生……二〇〇三年六月一日，就在福克曼首次提出新型癌症治療法的三十二年後，一名來自杜克大學的腫瘤學家揭示抗癌藥物癌思停（Avastin）的最新研究結果，癌思停展現了史上最佳的藥效，延長了大腸癌患者的壽命……結果顯示癌思停和福克曼的想法將全面改變癌症治療方法……福克曼後來說過一句話：「你可以從一個人的屁股上插了多少支箭，判斷他是不是領袖。」[15]

如果你想要權力，就要堅強起來，即使面臨反對聲浪也要堅持到底，就算遭遇挫折都要不屈不撓。堅持和彈性，代表不需要過度在意其他人的想法和意見，同時具備足夠強大的自尊心，不會因為問題和批評而放棄自己的想法。正如同其他能夠幫助一個人掌握權力的人格特質[16]，堅持和彈性也是可以仰賴練習、經驗和社會支持發展而成的。

低度權力為何一直延續下去？

有幾種心理歷程會使一個人持續處於低度權力，不過正如同我所寫的其他課題，這種障礙是可以克服的。

大概七到八年前，我認識一位博士生彼得．貝米（Peter Belmi），後來跟他一起完成研究。貝米說自己是來自社會地位較低的菲律賓裔家庭，他曾擔任我的「邁向權力之路」課程助教兩年，現在任職於維吉尼亞大學。最近他告訴我，這門課讓他大開眼界。雖然貝米做過非常多研究主題，不過他最主要的研究聚焦於地位和權力如何在心理層面自我複製，這與階級和權力如何結構性地複製有所區別。當然，複製地位的其中一種方法是透過繼承和教育學習，還有上層社會的人享有的其他優勢。貝米想了解是什麼樣的心理歷程困住了人們，讓他們無法向上提升地位。他認為各個階級都有不同的社會和行為規範，而其中某些規範會阻礙地位較低的人向上發展。

貝米和英屬哥倫比亞大學社會心理學家克芮絲汀．洛林（Kristin Laurin）想法一致，認為不同社會階級的人，追求權力高位的傾向和追求權力時願意使用的策略也有所差異，他們更是做了七項研究來驗證這個想法。[17]貝米和洛林列出兩個獲取權力的典型作法，其中一個是透過有利社會的行為，例如勤奮工作、幫助同事，還有以其他符合集體利益的方式努力。另一個方式是靠政治手段，也就是我教導各位的方法，其中不可或缺的就是有策略的行為、奉承高層、建立有用的社交關係，以及推銷自己的成就（這是第四章的主題，在建立強大個人品牌的過程中獲得讚賞）。他們發現不論是哪一個階級的人，對於這兩種策略的**實用度**看法完全相同：不論出身為何，所有人都相信這兩種方式很有幫助。不過，他們也確實發現，不同階級的人對於採取兩種策略的意願有所不同，社會階層較低的人比較不願意採取政治策略。

他們其中一項實驗很有意思，貝米和洛林找來剛入學一週的史丹佛工商管理碩士學生（盡可能避免相互影響和耳濡目染的情形），給他們看了二年級學生的七門組織行為學選修課，其中也包括我的邁向權力之路，請他們在問卷上回答對每堂課有興趣的程度，同時評量他們自認童年時期所處的社會階級。結果發現，不論出身自何種社會階級，都不影響學生對二年級選修課的興趣，只有一個例外。如同預測，對邁向權力之路這門課感興趣的碩士生不僅占比很高，也是唯一一門喜好程度受到童年時期社會地位影響的課程。

彼得．貝米認為，之所以能藉由社會階級預測使用政治手段追求權力的意願，其中一個

（但不是唯一的）原因，是有大量的證據顯示：社會階級較低的人比較傾向以集體為考量，而非以個人為考量。這個差異顯示出身較低階層的人，做那些只為了增進自身利益的事情會覺得不太自在。貝米和洛林的其中一項研究發現，人們如果可以透過有利社會的行為取得有權力的職位，追求權力的意願就比較沒有社會階級差異。這表示不同階層的人對於高階職位的渴望都相同，唯一的差別在於「使用政治策略取得權力的意願」。貝米和洛林接下來研究不同階層的人對於個人主義的看法，他們發現如果追求權力可以達成幫助他人的崇高目標，則不同社會階級之間對於採用政治策略的意願差異就消失了。

我把他們的見解融入我的教學中，我發現如果告訴人們使用政治策略是為了他人的利益著想，他們就會比較樂意參與和接納政治策略與概念。

在另一項研究中，貝米和同事發現社會階級可以預測一個人過度自信的程度。結果毫不意外，出身自較高社會階層的人，自我感知意識更強大也更正面，因此行為舉止也展現出更多自信，甚至可以說是過度自信。因為過度自信有利於提升別人對自己的看法，關於這個主題我將在第三法則（展現有權力的樣貌）中詳細討論，而社會階層差異之所以會延續下去，其中的一個關鍵就在於過度自信。研究顯示，過度自信會讓人看起來更能幹[18]，這種「很能幹」的印象，能讓過度自信的人在別人眼中享有優勢。[19]

社會階層也與支配權力的相關行為規範有所關聯，這種現象的例子不計其數，其中我最喜歡的一個例子來自《衛報》的一篇文章，內容包括烏干達裔作家和音樂家穆薩·歐克旺加（Musa Okwonga）的訪談，以及節錄自他的新書《他們的一分子：伊頓公學學生回憶錄》（*One of Them: An Eton College Memoir*，暫譯）的一部分文字。[20]書中講述了歐克旺加在伊頓公學的求學經歷，伊頓公學的學生個個出身自上流社會，覺得自己生來就是統治者，行為舉止也在在顯示這樣的態度。

> 這些男孩……屬於一個人人都是「少爺」的階級，他們似乎不受公認的行為規範約束……這一輩子所有人都告訴我，一定要跟白人打好關係才能成功，但是我的同學似乎對這種事情完全沒有興趣……我非常看重英國人對公平競賽的觀念……隨著年齡越大，我就越懷疑這種觀念的產生是為了讓特定社會階層的人留在自己的階層內。我看著那些最有自信的同儕，發現他們最棒的天賦就是厚顏無恥。在某部分的英國上流社會中，厚顏無恥就是超能力……上流社會的人可以自在地在外面和董事會上炫耀自己，坐擁所有戰利品。他們不會在伊頓學到厚顏無恥，但是會在這裡將無恥的功力培養到爐火純青。[21]

我有一位友人曾在英國上過類似的女子學校，她告訴我她也遇過歐克旺加提到的現象。她的經驗是，女性同樣會學習然後磨練自己厚顏無恥的功力，讓她們可以展現自己，做出傳達和建立權力的事情。

使用政治策略的意願和策略是否成功，不只存在社會階級層面的差異。朱柏章（Buck Gee）和譚志明（Wes Hom）兩位事業有成的退休科技公司高層，知道亞裔行政主管通常在矽谷（和其他地方）只能擔任較低階的職位，而且鮮少有升職機會，因此他們很想做點什麼來改變現狀，便開始量化亞裔族群受到的差別待遇。根據上升基金會（Ascend Foundation）早期公布的一份報告顯示，因為種族而受到「玻璃天花板」影響的程度，是受性別因素影響的三．七倍。報告中也指出：「白人男性成為行政主管的機率比白人女性高出四二%……比亞洲男性高一四九%，比亞洲女性高出二六〇%。」[22]

朱柏章和譚志明與史丹佛商學院合作策劃了行政主管課程，看看是否能促進亞洲人和亞裔美國人的職涯發展，而其中的兩堂課就取自我的邁向權力之路課程。這兩堂課大概是一週內最令人震驚，但也是最實用的課程，他們讓那些「相信世界公正和良好價值觀能得到最終勝利」的行政主管，開始考慮拓展技能的可能性，願意培養一些能取得權力的策略。

席薇雅．安．惠烈（Sylvia Ann Hewlett）做了一項延伸研究，想了解亞裔專業人士在北美洲公司的職業生涯為何總是停滯不前。[23]她的發現與之前針對女性所做的研究有些雷同：主管架勢很重要，包括自我倡導、願意挺身而出、透過肢體語言和聲音展現自己的權力，以及女性和亞裔往往會迎合社會期待，反而阻撓自己的成功。以女性來說，她們會受到性別角色期望的壓力，也就是希望她們提供協助、與他人合作。以亞洲人來說，他們的壓力來自「模範少數族裔」的刻板印象，也就是認為他們只能仰賴才華和勤奮取得成功。惠烈的結論是：如果女性或亞裔美國人想成功，就必須跳脫社會賦予的期待，因為這種期待限制了他們展現自己的方式和願意做的事情。

所謂「社會支配傾向」是指對社會群體中不平等現象的偏好程度，而研究顯示：女性的社會支配傾向通常低於男性。[24]其他數據顯示，女性對於掌權更傾向於抱持負面態度，也較不會用獎賞和強迫的方式達到目的。[25]

有些人可能會反駁這是在「檢討受害者」，因為這些偏見和刻板印象根本不該存在，也不該用一個人對權力的偏好來決定他的職涯發展。我與貝米和惠烈的立場相同，他們遭受的刻板印象和偏見雖然既不公平也不公正，卻都多多少少存在於大多數的組織中。此外，他們唯一有希望完全掌控的行為就是自己的行為。因此，人們在有機會改變情勢的環境中追求高階職位的最佳方式，就是了解遊戲規則，以及知道自己該做什麼才能在當下的環境取得成功，甚至是改變環境。別人會因為他們的性別、種族或社會階級而產生假設，最重要的是，不能讓別人的假設擾亂自己，或者限制對自己的定義，甚至是定義哪些才是允許的行為。若是想成功，就必須成為自己的主宰，嘗試發揮影響力和掌控力。

二〇一六年，乳癌外科和改變醫界的推手（也曾是我學生的）蘿拉・艾瑟蔓（Laura Esserman），獲選為《時代雜誌》全球百大影響力人物。有些人形容艾瑟蔓擁有「自然之力」，她也是我筆下的案例，而且每年都會到我的課堂上參與討論。她會咒罵、會勃然大怒，甚至會爆出「F」開頭的髒話，行為舉止似乎與大眾對女性的刻板印象天差地遠，我便請她對此做出回應，而她在回信中寫道：

> 我沒有選擇把自己歸類為地位較低的角色，雖然非常、非常多有權力的人想這麼做。挑戰別人或讓他們重新思考自己的成見，對我而言完全不是問題……我不覺得我「管好自己的事就好」，我也不允許別人強迫我做這件事或限制我。聘用我的院長曾跟我說：「蘿拉，你沒有看到不同學科之間的障礙嗎？」我回答他：「沒有，為什麼要看那些呢？」

不論你因為社會階級、性別、教育背景或種族受到什麼樣的限制或期待，你都不必接受和迎合。你可以採取能夠獲取權力的行為，一旦決定要這麼做，你就不能成為自己的阻礙，而且要因應你的處境做出該做的事。

「真誠」的詛咒

許多人拒絕去做那些從經驗上證實可取得權力的事情，從而成為自己的阻礙，其中一個原因就是他們相信「真誠」，以及其他沒有什麼科學實證足以應證、卻十分振奮人心的領導學概念。很多人告訴我，他們在追求真誠，想要向別人展現自己真正的感覺和意見的過程中，如果去參與拓展人脈的社交活動、諂媚掌權者、花大把時間確保所有人都知道自己的成就、索要資源，或是展現自己握有權力的一面，展現出來的就不是他們最真誠的樣子。因為這些行為本質上都包含策略性地與他人互動，建立權力的過程可能會讓一個人的行為舉止不再真誠。

從根本上和科學觀點來看，「真誠領導」這個概念在許多方面都是虛假且有害的。兩位北歐學者在他們一篇獲獎肯定的文章中，也抨擊過支持真誠領導的粗糙（甚至不存在的）

研究：

> 主流派的正向領導看起來比較得勢，也反映出人們對思想體系上比較吸引人的簡單解決方式更有興趣，卻無法幫助人們妥善理解組織生活和上司下屬關係……轉變型領導和真誠領導等較受歡迎的理論，都有嚴重的瑕疵……他們的理論基礎實在太容易動搖，無法對受其啟發的人做出承諾。[26]

真誠的概念受到批評，不只是因為學術界的標準很嚴格。誠如華頓商學院的亞當・葛蘭特教授（Adam Grant）所主張：「我們現在處於『真誠的年代』。」[27]遺憾的是，葛蘭特接下來說道：

> 沒人想看到你真實的樣子……十年前，作家A・J・賈各布斯（A. J. Jacobs）花了幾個星期的時間，試著去展現最完整真實的自己。他告訴一位編輯，如果自己單身就會想辦法跟她發生關係，另外告訴他聘請的保母說，假如妻子離開自己，他就會跟她去約會……他甚至告訴自己的岳父和岳母，跟他們談話很無聊。大家可以想像得到他的實

驗結果如何。他的結論是：「謊言讓世界運轉，沒有謊言，婚姻會分崩離析、員工會失去工作、自尊心會支離破碎、政府會徹底崩盤。」

「真誠」這個想法受到歡迎，主要是因為現代人對自我揭露的興趣愈來愈濃厚，我們同樣也能從研究中看出一些端倪。首先，我和許多社會科學家都承認工作和私人生活的界線變模糊了，揭露個人資訊的機會大幅增加。其次是有研究指出：「自我揭露的概念出現世代轉變，年輕員工更容易接受與同事討論私事，也不太會覺得不妥當。」[28]

第三，揭露自己的弱點的確會增加親近感：「根據幾十年來的自我揭露研究顯示，分享個人資訊、展現自己弱點的行為，通常會提升好感度和親近感。」[29]不過，研究也指出展現自己弱點的負面效果，尤其是身居高位的領導人物與他人在職場上互動時，暴露自己的弱點會特別不利。作者總結表示：「我們做了三次實驗室實驗，發現如果高位者揭露自己的弱點，會造成影響力降低……更容易產生爭執……好感度降低……以及沒有發展未來關係的意願……一切歸咎於揭露者的地位減弱。」[30]

先不論其他人對真誠的看法，你首先必須理解：權力法則是不會要求你改變個性的。追求權力的技巧和行為，就只是在情況所需下選擇去學習和練習的技巧與行為，做這些事情不一定會影響你的本質或個性。你可以增加帶有策略性質的社交活動，但是不一定要過於汲汲營營地拓展人脈。即使你沒有自信，也可以展現出有信心的樣子。只要你不阻礙自己，不管你是什麼樣的人，都可以學習和實踐那些可以增加權力的事情，而這恰恰是我的課程內容和撰書的題材。

倫敦商學院的赫米妮亞．艾巴拉（Herminia Ibarra）教授，在《哈佛商業評論》（*Harvard Business Review*）發表了一篇討論「真誠悖論」的文章。[31]亞當．葛蘭特主張別人多半不想看到你最完整、真實、沒有包裝過的自己，艾巴拉則認為，當人們得到新工作或新職務而需要做出不同的行為、使用不同的技巧時，常常會因為想追求真誠反而困住自己、無法做出改變。她提到的首個案例是某個醫療組織的總經理，當她升官之後，直接向她回報工作的人數增加了十倍，她便告訴屬下自己很緊張，對自己沒什麼信心。艾巴拉寫道：「她的坦率害了自己，屬下想要也需要有自信的領袖來帶領他們，她在這些人心中便失去了公信力。」[32]她評論：「學習經常是從不自然的表面行為開始，因此可能會讓我們覺得自己在算計，而不是真誠和發自內心地表現。」[33]不過人們如果要成長、要承擔更重大的責任，學習是必不可少的。

有人告訴我他要忠於自己時，我就會問他，哪個自己？是六歲的自己、十八歲的自己，還是其他的自己？我們隨時都在改變，其中有一些（也有可能很多）改變，需要我們以不同的方法做不一樣的事。畢竟沒有人是一出生就會走路、講話或上廁所。幸運的是，我們幾乎不會忠於年幼的自己。你可能會覺得做新的事情或不一樣的事情，尤其是那些有助於你取得權力的全新行為，會讓你不再真誠，但千萬別讓這個想法成為阻礙你的藉口。

欺騙的言行最終不是都會被揭穿嗎？

我經常聽到擁護「真誠」的人主張，不真誠的人會做出欺騙行為，例如諂媚別人或是沒有坦白交代自己的動機，而這種欺騙行為一旦被別人察覺，其他人就會覺得你的努力都不是真實樣貌，因而抨擊你。其實這個想法是沒錯，但是能夠佐證的邏輯和證據有限。

首先，人們只會相信和看見自己想相信、想看見的東西。這個簡單的原則正是動機認知研究的基礎，動機認知的定義是「思考得出的結論與一個人的慾望完全一致」[34]，這種情況常見於很多領域。其中一個大量研究動機認知的領域就是人際關係，「帶有偏見的詮釋和記憶……能夠促使有動機的知覺者得出他們想要的結論，也就是伴侶有所回應。」[35]人們都存在著一種動機，相信其他人對自己有好感、會關心自己的利益，除非是出現特別情況，否則人們其實都沒有揭露欺騙行為的動機，這也是說謊常常奏效的其中一個原因。假如看到其他人的行為對自己有利，那麼揭露事實的動機就變得薄弱，甚至完全不會產生動機。

其次，經驗證據不斷證明：人類真的很不會揭穿謊言。一篇文獻回顧寫道：「人們對欺騙行為的偵測其實非常不精準……大量的研究文獻指出，人們辨別真話與謊言的正確率低於五五％，而且五〇％還是靠機率。」[36]不論是研究方法或對象為何，識別謊言的精準度都不高。一篇針對大量研究的統合分析總結道：「相較於透過視覺，人們用聽覺判斷謊言時比較準確，希望讓別人相信自己的人會看起來像是在欺騙，以及人會主觀認為他們的互動對象是誠實的。」[37]同一篇文獻回顧也提到，人們批評其他人的欺騙行為時，會比批評自己還要嚴厲。

結合動機認知研究和人們辨別謊言的差勁能力，就會發現別人其實很難察覺我們不真誠的行為，就算被發現了，可能也只會受到一點懲罰，甚至完全不會受到制裁。

忠於其他人想要你成為的樣子

像是「忠於自己」和「找到自己的方向」都是非常自我指涉的說法，不是一位領袖獲得成功的必經之路。領袖需要同盟和支持者，擔任領袖的重大任務之一就是招攬到這兩種人。如果領袖不是忠於自己，而是忠於招攬對象的需求和動力，那麼這個重大任務就差不多算完成了。

羅伯特・卡洛（Robert Caro）在撰寫的傳記中提到[38]，美國前總統林登・詹森（Lyndon Johnson）花了一輩子的時間研究其他人，在互動過程中了解他們想要和需要什麼。在《美國經驗》（*American Experience*）紀錄片以詹森總統為主題的集數中，歷史學家桃莉絲・基恩斯・古德溫（Doris Kearns Goodwin）談到當時參議院只有一百個人，對詹森而言太完美了，因為他可以準確掌握每一位同事的個性，諸如他們想要什麼、需要什麼、希望什麼，又害怕什麼。有了這些認知，詹森就能與他們建立人際關係，同時精準地了解如何說服他們順從自己的意思辦事。

假如你想發揮影響力，擁有同盟絕對是件好事，如果想得到盟友，顯然需要提供對方一點好處才能獲得支持。或許可以營造與對方相似和親近的感覺，例如詹森與南方人說話時會加重自己的南方口音，不管面對的是自由派的明尼蘇達州參議員休伯特・韓福瑞（Hubert Humphrey），或是保守派的喬治亞州參議員理查・羅素（Richard Russell），他都能視場合需要，表現出自己立場與對方一致的樣子。假如你想要得到別人的支持，就必須回答這個問題：他們支持你的話能得到什麼？

曾任加州眾議院議長和舊金山市長的威利・布朗[39]，其傳記中便提到他如何跟民主黨與共和黨員相處。布朗是一位黑人，而且事實上他是仰賴眾多保守派共和黨員支持才能當選議長。他與詹森的作法有異曲同工之妙，布朗花很多時間籌措資金，但不是為了自己的選舉，而是為了民主黨同仁，因此得到其他民主黨員的愛戴。

在政治中行得通的道理，在各種組織中也都行得通。與你共事的人有自己的意識形態、不安全感、問題和需求。所以別再只專注於釐清自己是誰，而是要專注於釐清**誰是你的同盟和潛在的盟友**。知道該獲得誰的支持後，就好好鑽研和了解他們。你越早開始這麼做，就能越快取得必要的資訊和想法，有策略地建立邁向成功所需的同盟。

「好感」悖論

人們阻礙自己取得權力的另一個原因，就是太過在乎別人是否喜歡自己。社會心理學家羅伯特・席爾迪尼主張，獲得別人的喜愛是權力的來源。[40]更重要的是，大部分的人從小就在學習與他人相處，建立溫暖的人際關係。但是擔心別人不喜歡自己、過度在意別人對自己的想法，可能成為我們取得權力的阻礙。有一句話是這麼描述曾經擔任英國首相長達十一年的瑪格麗特・柴契爾（Margaret Thatcher）：「經過英國大臣羅伊・詹金斯（Roy Jenkins）的觀察，他既震驚又訝異地發現，她幾乎『絲毫不在意自己是否冒犯別人』。」[41]

假如你的目標是讓別人喜歡自己，將會遇到一個問題：你可能會看起來不夠稱職能幹。普林斯頓大學社會心理學家蘇珊・費斯克（Susan Fiske），與她的同事進行了人際知覺基礎層面的擴大研究，他們發現許多文化都一樣，評價他人的兩大基礎層面就是溫暖和能幹。她的研究也發現，雖然溫暖與能幹是兩個獨立的概念，人們還是傾向於認定這兩個特質呈現負相關。關於這點，艾美・柯蒂（Amy Cuddy）那篇標題精闢的短文〈我人很好不代表我很笨〉（Just Because I'm Nice, Don't Assume I'm Dumb）[42]，以及哈佛商學院教授泰瑞莎・艾瑪拜爾（Teresa Amabile）的經驗研究論文「聰明但殘酷」（Brilliant but Cruel），都將兩個特質的負相關解釋得很清楚。

艾瑪拜爾的研究，是讓受試者閱讀真實的負面和正面書評。「即便經過個人獨立判斷後認為正面書評的內容品質比較好，但人們還是會覺得給予負面評價的人看來似乎更聰明、能幹、專業……相較於給出正面書評的人，給予負面評價的人明顯更不討人喜歡。」[43]社會心理學家羅伯特・席爾迪尼在與我對談時提出了建議：首先你得展現自己能幹的一面，如果接下來再展現溫暖的一面，其他人就不會將其視為軟弱的徵兆，而是很意外能在握有權力的人身上看到這樣的特點。

倘若將「討人喜歡」視為首要之務，那麼還會遇到第二個問題。因為一個組織在評估一個人能否擔任高位時，看重的是他們做事的能力，而不是他們人有多好。凱撒娛樂（Caesars Entertainment）前執行長蓋瑞．拉夫曼（Gary Loveman）在我的課堂上說過：「假如你想被喜愛，那就養一條狗，狗會無條件地愛你。」他提到在二〇〇八到二〇〇九年經濟蕭條期間，遊戲產業遭受重創，他必須遣散好幾千名員工，其中有單親媽媽，失去工作後便失去健康保險的癌症病患，還有手頭不太寬裕、經濟能力幾乎沒有緩衝空間的人。他很確定那些員工與他們的家人不會「喜歡」他，但是為了保護組織的財務狀況和保住剩餘員工的飯碗，他必須這麼做。

有一項經驗研究採用了個性和職涯的長期研究數據，同時做了一個實驗，詢問受試者一個發人深省的問題：「好好先生和好好小姐真的難出頭嗎？」他們主要研究的人格特質是友善度，在檢視許多證據之後，他們發現友善度與取得事業成功的方法呈現負相關，協商談判的成績也較不理想，而且運用多種嚴格縝密的研究方法都重現相同的結果。[44]作者發現儘管男性和女性的友善親和度與薪水之間都呈現負相關，男性的負相關卻大於女性，一部分可能是因為大眾普遍預期女性比男性友善，因此女性表現得友善受到的「懲罰」比較少。

在探索是什麼機制造成這個結果的過程中，研究人員發現：人們會擔心表現出友善的樣子，可能會將維持和諧看得比追求職涯發展重要，因而犧牲掉一些正向的職業發展氣勢。除此之外，「對於和諧人際關係的期望，可能會讓非常友善的人過度執著於社會規範。」[45]我們將在下一章分析打破規則之於獲取權力的重要性，而過度擔心別人對我們的看法，顯然會阻礙我們採取打破規則的策略。

友善的反義詞，當然就是不友善。柏克萊商學院教授卡麥隆・安德森（Cameron Anderson）和同事曾做過一項創新又成功的長期實驗，試圖釐清自私、好鬥和控制慾強等不友善的人格特質強烈到什麼程度，方會影響到對權力的追求。他們發現這些不友善的特質對追求權力一**點影響也沒有**，既無益處也無害處。那是因為不友善會產生兩套行為模式，在獲取權力的過程中會相互抵消。不友善的人會做出更有主導性和侵略性的行為，安德森和同事發現，這種行為對取得權力具有正面的影響。

從另一個角度來說，不友善者比較不會做出慷慨大方和考量公共利益的行為，而這會在取得權力的過程中造成負面影響。[46]他們的研究為「不友善」下的定義，就是完全不在意自己對他人造成的影響，也不介意自己變得超級討人厭，假使不友善的特質完全不會影響權力，那似乎證明了大多數人都太過擔心別人喜不喜歡自己了。

我在前言介紹過從事投資工作的黑人女性路凱雅・亞當斯，她告訴過我，必須擺脫掉想得到別人讚許和認同的強烈渴望，因為這會讓人停滯不前：「我知道大家想要達成對自己而言很有深意的成就，我知道人們會因此變得強而有力。當你有了遠見，而且能看見其他人看不到的東西，就會想辦法讓別人也看見。」

亞當斯說了另外兩件事，我認為那都是她成功的重要關鍵，而且二者都與她放棄得到別人的認可有關。她說自己並不是很擔心：「我們的董事會怎麼想、或者是我會不會受邀參加豪華聖誕派對，或他們會不會因此不邀請我去少數人才能參加的烤肉野餐。」謙遜可以讓你得到別人的支持，而她說成功的祕訣在於結合謙遜與自大。「對女性而言，要自大真的很困難，我必須訓練自己才能變得驕傲自大。」

亞當斯也說，不能時時擔心自己的每一段人際關係和其他人的想法。她舉自己與董事會一位非裔美籍男同事的相處經驗為例：

> 他那個年代的人都會想辦法融入勢力更強大的白人權力結構，因此他非常看重和保護自己的門路。黑人進入白人社會是有規則的，還會規定黑人女性的髮型和行為……而我生在完全不同的時代。他經常激怒我……後來我就不管他到底懂不懂了。擺脫這個煩惱後，我成為董事會主席，變得比他更有權力。這是另一個層面的課題，要學會接

受某些人就是無法理解你的想法，而且一點都不要在意。

我最喜歡的搖滾樂曲歌詞是來自已故歌手瑞奇·尼爾森（Ricky Nelson）的〈花園派對〉（Garden Party）：「你無法取悅所有人，那就取悅自己吧。」所有人都有其社會認同，而顯然只要是人，都需要受到別人認可，畢竟軍事學校（或者說是所有地方）最嚴厲的懲罰之一就是社會排斥。權力的第一法則就是承認和接受自己的樣貌，但是不能讓這種認同永遠限制了你對自己的定義。你要了解社會連結的重要性，但是不能讓「得到認同的渴望」壓抑你想達到的目標，並且妨礙你遵循自己的興趣和意識型態。簡而言之，重點就是不要阻礙自己，想辦法打造可以給予自己優勢的權力基礎，以此達成你的目標。

法則二

打破規則

有時候，你若是想去參加豪華晚宴，在那裡認識了不起的人物、拓展人脈，或依靠你組織團隊和完成工作的能力建立良好的名聲，就必須打破一些規則。

你可以考慮一下克莉絲汀娜·崔伊提諾的作法，她以前修過我的課，現在任職YouTube公司。多數史丹佛商學院的學生都喜歡結伴參加日舞電影節，畢竟那是帕羅奧圖網路公司（Palo Alto）非常盛大的活動，崔伊提諾曾分享自己如何在猶他州的日舞電影節時「闖入」一場私人高檔晚宴。我每年都會向學生提出挑戰，要他們在日舞影展做一些平常不會做的事，像是去見一些來參加影展盛會的大人物。而崔伊提諾接受了我的挑戰。

為了與男朋友參加豪華晚宴，崔伊提諾打破一條規則，沒有事先通知就「攜伴」出現在會場。為了參加晚宴，她違反了「必須先拿到邀請函才能進入上流私人晚宴」的社會規範和傳統期待，而不是被動地等待好幾年，等到自己爬上足以拿到邀請函的地位。崔伊提諾告訴我她怎麼辦到的：

> 我注意到這個非常私人、非常高檔的晚宴已經舉辦超過十年，名稱叫做（晚宴名稱保密）。今年（二〇二〇年），我發現他們在影展期間自行舉辦小型會議，想推動成立一個非營利組織。我心想，我就要在今年去參加他們的晚宴。我找到通用的電子郵件

地址「hello@[name].com」，寄出一封只寫了短短一句話的信件：「嗨，我是克莉絲汀娜，現在為《富比士》雜誌撰稿，我可以參加你們其中一場晚宴嗎？」我查到他們會舉辦兩場非常棒的晚宴，一場是由帕妮絲之家（Chez Panisse）餐廳的創辦人暨傳奇美食家愛麗絲・華特斯（Alice Waters）主辦，另一場則會有名作家瑪莎・史都華（Martha Stewart）出席。我心想，既然華特斯的餐廳在灣區，那我應該有機會見到她。

我後來收到公關部門的人回信：「愛麗絲・華特斯的晚宴辦在星期五，星期六則是瑪莎・史都華的晚宴，您對這兩場有興趣嗎？」我刻意等了四十八小時才回信，讓對方覺得：「哇，這個人一定是個大人物，連瑪莎・史都華的晚宴都排不上她的優先待辦事項。」後來我回信告訴對方自己星期五很忙（其實克莉絲汀娜一點也不忙），但是我應該可以出席星期六的晚宴。

星期六早上我一起床，他們就寄來邀請函連結請我回覆，表單中詢問我是否會攜伴，但是我當時不知道班想不想去。當天晚上，我直接帶著班一起抵達會場，門口的接待員問我的名字，我告訴他們。他們接著問我旁邊的人是誰，我說是班。「您沒有回覆說要攜伴。」兩名工作人員對看一眼，然後說：「好吧，兩位都可以進來。」我絕對需要用上許多邁向權力的技巧才能擠進這場晚宴，還有打破幾項規則，讓我看起來比真實的我更像個大人物。

崔伊提諾做的事情不只如此。新冠肺炎疫情爆發時，她成立了「正向感染力團隊」（Team Positivity Contagion），思考該如何在所有人都保持社交距離的情況下，透過線上社交活動讓學生們得以維持人際關係。史丹佛大學的團隊製作了一本指南分享給其他學校，讓他們可以「在一個晚上打造出類似的交流平台」。最後史丹佛大學方決定以崔伊提諾為代表，聯合各大商學院舉辦慈善募款活動，也就是「商學院碩士大逃殺」（MBA Battle Royale）。崔伊提諾又告訴我：

> Instagram上有一個網路紅人叫「商學研究生麥奇」（MBA Mikey），他經常上傳與商學院有關的搞笑圖片，累積了十萬多名粉絲。有些人半開玩笑地說，如果能邀請麥奇來參加活動一定會很棒，所以我傳了一則短短的訊息給他：「嗨，我是史丹佛的學生。我們想舉辦一場聯合各大商學院的線上慈善活動，你想參加嗎？」他一小時內便回覆：「好，我要參加。」有了幾名網紅幫忙宣傳，整場活動變得比我們原先預期更加正式。
>
> 第十所與我們聯絡的學校是哈佛大學，因為當時有太多學校的系所共襄盛舉了。有

人問我：「請問是史丹佛大學裡的哪一個人核准這項活動？」我的回答是「沒有人」。史丹佛大學喜歡這項活動，是因為正面的新聞報導可以為校爭光。我們最後募得五萬六千美元。從一開始策劃到最終活動結束，大概花了一個月的時間。現在，所有參與活動的學校都很積極地提議明年再舉辦一次。因為我是負責聯絡其他學校的人，所以很多人都稱讚我。也有很多人來問我各式各樣、毫無關聯的問題。因為他們知道我們是領導者。

第二個例子打破的規則就是主動採取行動，不要等到別人准許，甚至是不要詢問別人是否同意，而是直接著手想做的事情，以崔伊提諾的案例來說就是舉辦活動。如此一來，她就處在人脈網絡的中心點，也為自己建立起有能力完成工作的好名聲。

除了願意打破規則的心態，崔伊提諾確實享有一些優勢，畢竟她是頂尖名校的研究生。不過她的例子體現了我一直以來堅信的原則，就是不管你是誰、處於什麼地位，你都可以打破規則。

打破規則為何可以創造權力，又是如何發生？

想憑藉打破規則和違反社會規範建立權力，基本上就是要做出與眾不同且超乎預期的行為。最重要的是，打破規則需要主動和**實際去做**，以克莉絲汀娜的例子來說，就是主動聯絡頂級晚宴的主辦單位，以及聯合各大商學院舉辦活動。

違反規範、規則和社會傳統，可以讓打破規則的人看起來更有權力，從而建立起自己的權力，有幾種心理機制可以佐證這個觀點。接下來我將解釋其原因以及如何運作。

權力與違反規範之間的關聯

《社會心理與人格科學》期刊（*Social Psychological and Personality Science*）有一篇研究的結論是：「人們有權力的時候，行事會變得合宜得體。有權力的人較少露出笑容，會打斷別人或提高嗓門說話……有權力的人要遵循的規則比較少。」[1]或者以英國歷史學家艾克頓勳爵（Lord Acton）的話來說，也就是權力使人腐化、絕對的權力使人絕對地腐化，社會心理學家大衛．吉普尼斯（David Kipnis）也透過經驗研究證明了這句話。[2]權力與打破規則之間存在關聯，有權力的人可以更自由地違反社會規範和傳統並且全身而退，因此有權力的人更常做出一些就社會觀點來看不太合宜的行為，所以阿姆斯特丹大學社會科學家格班．凡．克利夫（Gerben van Kleef）和同事想要釐清，打破規則是否真的能讓人看起來更有權力。他們用各式各樣的方法做了一系列的實驗研究，包括假設情境、播放短片和面對面互動，而他們得到的答案是「沒錯」。[3]

他們進行的第一個實驗，是請受試者想像自己身處摩肩接踵的市政府等候室，準備更換新的護照。在違反規範的情境下，有人趁著服務台前沒人時站起身去倒了一杯咖啡。在對照情境下，那個人是起身去上廁所後再回來，所以同一個人在兩種情境中都做了某件事。相較於只是起身去上廁所的人，在違反規範的情境下去倒咖啡的人，看起來有權力的程度高出二一%。

第二個實驗的情境，是告訴簿記員財務報告中有個數字異常，在違反規範的情境下，簿記員說這種事一天到晚發生，外部會計人員不太可能會注意到，而且有必要的話，偶爾通融一下其實也沒什麼關係。然而在對照情境中，簿記員說他們必須嚴肅看待這起事件，雖然外部會計人員很可能不會注意到，他們還是得按照規則行事。從評分結果來看，打破規則的簿記員看起來更有權力、更能按照自己的意志行事，也更有為所欲為的自由。

第三個實驗，是請受試者看一部在露天咖啡館拍攝的影片，在違反規範的情境中，一名演員將腳放在另一張椅子上，點燃香菸後不斷將菸灰彈落地面，對服務生講話的態度也很不客氣。對照組的演員對服務生比較有禮貌，會將菸灰彈在菸灰缸中，也沒有將腳跨在其他椅子上，而是翹腳坐著。相較於對照組演員，違反規範的演員看起來擁有權力的程度高出二九％。

第四個實驗不是看影片或設想情境，而是直接與違反規範的人面對面互動。受試者抵達後，一組實驗者便在互動過程中做出各式各樣不得體的行為。他們姍姍來遲，將包包往沙發前面的桌子上一扔，絲毫不管其他坐在沙發上的受試者，還把腳翹在桌上，之後又做出種種不合宜的行為。結果與前幾項實驗相同，受試者覺得違反規範的人看起來比較有權力。這幾項實驗結果的差異都達到統計上的水準。

凡・克利夫和共同作者在實驗報告的開頭寫道：「我們也許會希望那些打破規則的掌權者跌落神壇、喪失權力……或許正是打破規則的行為本身，加強了他人對權力的印象？」[4]違反規範卻沒有受到制裁的人，會憑藉自己打破規則的能力取得權力，因為他們與那些（主張必須要）遵循社會期待的人有所不同，看起來也比他們更有權力。這樣就能解釋唐納・川普為什麼沒有因為說謊而惹出更多麻煩。

說謊違反了鼓勵人們說實話的社會規範，然而說謊的人卻常常不會受到制裁，況且說謊本身也是違反社會期待的，所以事實上反而會提升說謊者有權力的印象。站在權力的觀點來看，違反規範的正面影響顯然有限，但是「違反規則和社會成規能增加權力」是我們應該認真看待的原則。這個概念不只局限於政壇，還能解釋職場社交生活的許多面向。

你注意到了嗎？克莉絲汀娜．崔伊提諾做了好幾個重要的小動作，那些都是外界不曾預期權力地位不高的人會做的事。她寄了一封簡短的郵件詢問能否參加晚宴，信中完全沒有提供更多個人資訊，只說自己是《富比士》雜誌的撰稿人。她等了足足四十八小時才回信，告訴對方自己選擇參加哪一場晚宴。接著她在沒有事先告知主辦方的情況下，帶了一名未受邀的賓客出現在會場。她的行為讓自己看起來彷彿是個握有權力的大人物，可以打破社會預期做自己想做的事。可能是因為這些行為，她自己（還有伴侶）才能夠參加非常高檔豪華的晚宴。

打破規則讓人感到意外

由於大部分人多數時候都會遵守規則，因此不遵守規則的人往往能來個出奇不意，讓其他人措手不及。這樣的出奇不意可以成為優勢，因為其他人沒有足夠的時間準備好互動和思考該如何回應。

我們來看看傑森．卡拉卡尼斯（Jason Calacanis）的例子，他是網路公司創辦人、天使（早期）投資人、作家，還經營了podcast頻道。傑森來自中產階級家庭，他還在大學就讀時，家裡面臨嚴峻的財務問題。卡拉卡尼斯原本想就讀的是福坦莫大學（Fordham University），當時的招生辦公室主任是艾德．博蘭德（Ed Boland）。卡拉卡尼斯後來在布魯克林學院（Brooklyn College）就讀，但是會去福坦莫大學上跆拳道課程，他便以此為藉口「順道拜訪」了招生辦公室主任。他告訴我：

> 我去找他之前，先請別人幫我寫推薦函。然後我去敲博蘭德先生辦公室的門，親手把信交給他。他問我：「傑森，我有安排與你會面嗎？你在我的行事曆上嗎？」我告訴他：「沒有，我是來上跆拳道課的，不過我想給您這封推薦函，我想您應該看看我第二個學季的成績。」……後來博蘭德先生打電話來告訴我：「我要去耶魯大學了……我離開之前，學校問我有沒有什麼要求，他們該怎麼樣才能做得更好。我說他們應該接受一九八八年級最不遵循傳統的學生入學……那就是你。」[5]

但是，卡拉卡尼斯還是需要經濟援助才能就讀福坦莫大學。他經常遲交學費，所以準備升大三那一年，學校不讓他註冊了。他向我描述當年他做了什麼：

好吧，我該怎麼做才有用？找上面的人一定有用……中間的人一點也不重要。所以我走進院長辦公室，詢問院長在不在。櫃檯的女士告訴我：「他在辦公室裡。」我說了聲謝謝就直接走進去，然後說：「院長，我是傑森．卡拉卡尼斯，我很享受在學校讀書的時光，但是我不得不輟學。」他問我：「你有預約嗎？」我告訴他沒有，不過我真的很需要跟他談談。[6]

長話短說，卡拉卡尼斯最後得到在商學院電腦教室打工的機會，而且時薪是八美元，比他另一份工作的三塊半時薪高出不少。卡拉卡尼斯說這些經驗讓他變得更大膽，願意把握機會。

他沒有事先預約就走進別人的辦公室，打破了與掌權者互動的規則，也可以說是打破了一般人對「拜託他人」抱持的期待。他的大膽行為讓招生辦公室主任嚇了一跳，也因此感到驚喜，甚至留下深刻的印象，才讓卡拉卡尼斯得以進入福坦莫大學。院長也因為卡拉卡尼斯的唐突造訪而感到驚訝，他沒辦法先想好如何解決他的財務問題，所以立刻隨機應變，為卡拉卡尼斯找到在學校電腦教室打工的機會，他的時薪因此增加兩倍。

製造驚喜會有用，不只是因為殺個對方措手不及，也是因為驚喜能夠影響別人的認知和情緒。塔妮亞・露娜（Tania Luna）原本是亨特學院（Hunter College）的心理學講師，現在擔任領導力訓練公司「生活實驗室學習」（LifeLabs Learning）的共同執行長，她出過一本書講述驚喜在神經生物學的運作方式。有一次露娜接受國際公共電台（PRI）訪問，提到驚喜會讓人：「身體凍結二十五分之一秒，接著觸發大腦中某些機制……這個時候會讓人產生高度好奇心，想搞清楚到底發生什麼事……驚喜也會強化情感。」[7]驚喜會讓人投入更多注意力以滿足好奇心，如果你希望別人記住自己，讓別人與自己互動時投入更多注意力或許是個好主意。

比起請求准許，請求原諒更容易也更有效率

職場上經常發生衝突，有一項研究顯示，員工每個星期平均會花三小時與人產生衝突，儘管如此，大概有六成的員工從來沒有接受過應付衝突的基本訓練。[8]缺乏訓練再加上人人都渴望得到別人的喜歡和認同，表示大多數人遇到困境都會選擇逃避而非面對，而且大多數人都討厭爭端，所以會想辦法避免與人爭執。

從務實的角度來看，你做自己想做的事情時，會遭遇到的抵抗可能比預期中來得少，因為人們不會樂意與你正面作對，也不願意冒險讓人際溝通變得困難。因此不必先取得別人允

許，直接去做想做的事情，先斬後奏再去請求別人原諒其實簡單得多，也往往會更成功、更有收穫。一旦你完成某件事情，木已成舟、覆水難收，那件事就很難重來了。除此之外，你所做的事情的效益和後果不再是假設，而會成為現實，這會讓其他人不願意再做一次你完成的事情，以免破壞已經產生的利益。崔伊提諾舉辦了成功的跨校活動，她讓許多學生留下樂趣無窮的回憶，又達到慈善募款的目的，雖然她事前沒有取得任何人同意就籌辦活動，但是誰會批評她呢？

紐約建築大師羅伯特．摩西斯，執業四十年間握有無與倫比的權力，更是運用策略的天才，總是能將計畫變成現實——甚至是在取得別人同意之前。摩西斯經常在得到核准前就展開自己的計畫，有時候甚至連資金都還沒到位就完成了。他很清楚一旦公園或遊樂場完工，別人就很難或者比較不會去重做他的作品。他首次參與公園發展建設，是將長島東艾斯利普（East Islip）的泰勒地產（Taylor Estate）改建成公園，也就是現在的黑克夏州立公園（Heckscher State Park）。摩西斯在徵收私有土地的過程中，確實有逾越法定權限之嫌，而且建設之初使用的是未撥款項。羅伯特．卡洛執筆撰寫的摩西斯傳記榮獲普立茲獎肯定，他在書中是這麼寫的：

摩西斯從來沒有停止開發泰勒地產……等到高等法院終於要裁定泰勒地產是否為公園的時候，那裡已經是一座公園了。法官該做什麼？叫地產公司挖開道路、拆掉建築……告訴所有人再也不能去泰勒地產建成的公園？[9]

對於摩西斯學到的經驗，卡洛給予這樣的評論：「一旦把東西蓋出來了，連法官都很難叫你拆掉重來。」[10]事實上，不管是什麼事情，只要木已成舟就很難重來，包括舉行頒獎、活動和典禮。先放手去做，再去思考後果，即使會打破規則也沒關係。

規則往往對強者有利

打破規則的另一個優勢就是，規則和規範往往是對有權力制訂的人有利，也就是掌權者，這一點應該絲毫不令人意外。既然規則是別人訂定來讓你處於劣勢的，那何必要遵守？

政治學家艾凡．阿雷圭恩托夫特（Ivan Arreguín-Toft）的研究《弱者如何打贏戰爭》（*How the Weak Win Wars*，暫譯），非常精采地闡釋了這項原則。[11]他綜覽歷史上發生過的戰爭，找出軍備和軍隊規模等實力相差至少五倍的強權與弱者加以研究。從一八〇〇年至二〇〇三年間，有七一．五%的戰爭是由軍力較強的一方獲勝。阿雷圭恩托夫特分析各年分的數據時，發現十分有意思的現象：一九五〇年至一九九九年間，弱勢的一方其實贏下更多場戰爭，比例是五一．二%。他在書中解釋了原因，麥爾坎．葛拉威爾（Malcolm Gladwell）便以他的見解為基礎，在《紐約客》發表了一篇令人激賞的文章〈大衛如何打敗巨人歌利亞〉[12]。當處於劣勢的一方不遵循傳統規則，而是採取非傳統的策略時，他們獲勝的機率就從二八．五%，上升到六三．六%。

在戰場上行得通的道理也適用於籃球場上，防守時總是採用全場壓迫的隊伍，表現得比仰仗天賦的隊伍更好，贏得比賽的機率更是高得不成比例。自己創造規則、行事總是出奇不意的人，經常可以透過意想不到的方式成功。

在戰場和籃球場上通用的道理，也可以運用在商場上。許多成功的企業家都因為愛打破規則而惡名昭彰，尤其是那些想擾亂現有產業和商業模式的企業家。其中一個廣為人知的極端例子就是伊隆．馬斯克——電動車和電池製造商特斯拉的執行長。傳統上認為與監管單位相處融洽非常重要，而馬斯克之所以能成功，就是因為他違反這個傳統規則。他反其道而行，處處與他們作對，甚至出言不遜。《華爾街日報》的某篇文章中是這樣寫的：

好幾個監管機構看著伊隆．馬斯克迴避規則、忽視執法單位，而馬斯克在與這些機構的鬥爭中取得勝利……不讓法規阻礙他用特斯拉電動車創造運輸革命的目標，或是用SpaceX殖民火星的理想……馬斯克沒有與政府私下對話溝通，而是選擇在推特上公開批評政府，用字遣詞有時甚至十分粗俗無禮。[13]

建議別人無視規則和社會期待，會遇到一些困難。遵守規則、遵循傳統對一個人的行為影響程度甚鉅，我在本章的下一個段落會更深入討論。不管結果會是如何，人們都喜歡按照規則行事。根據葛拉威爾的說法，喬治・華盛頓在美國獨立戰爭期間開始打贏英軍之後，他就要求下屬學習英國軍隊的打扮和行軍，但是之後的經驗實在太不理想，迫使他又躲回樹木和岩石後方策劃突襲。一直靠著全場壓迫防守取得勝利的籃球隊，即使知道以較不傳統的戰術能取得更大的成功，往往還是會回頭採用比較傳統的防守方式。不對稱作戰和非傳統戰略可能會帶來成功和權力，但是如果要打破規則，人們就需要承受社會大眾無法接受的後果。

兩難困境：要合群融入還是鶴立雞群？

大多數人在大多數時候都不會打破規則，而且都有非常好的理由。世界各處都有期望你能遵循的規則。每個人都扮演著自己的角色，例如家長、員工、醫生、老師等等，甚至身兼好幾個角色，而我們每個人都要面對社會期待，了解自己要做什麼、該如何扮演自己的角色。為了呈現「社會期待」這個心理學力量有多強大，我已故的同事傑瑞．塞蘭尼克（Jerry Salancik）在伊利諾大學上課的第一天，就走到台下坐在學生旁邊。他一句話也沒說，不過從他的年齡和衣著判斷，很明顯就能看出他是老師。他暫時違背了社會大眾對老師行為舉止的期待，其中包括老師應該展現的儀態。他告訴我，隨著他持續拒絕做出社會大眾期待的「老師的行為」，學生便開始躁動不安，甚至產生敵意。塞蘭尼克告訴學生「角色期待」的力量有多強，他的親身示範也告訴我們打破規則會令人多麼不自在。

世界上處處是社會規範，例如把「請」和「謝謝」掛在嘴邊，還要以得體的方式說話和穿著。社會上約定俗成的共識形形色色，像是如何升遷、如何當個領袖、如何當個好下屬，我們都把這些事情當成規則。

我們預期所有人都知道而且會遵守規則，一部分是因為這些規則能讓社交活動運作更順暢。從小時候開始，一開始是父母，再來是學校和宗教組織等各式各樣的機構，接下來是老闆，所有人都在教導我們該做什麼。如果違反規則，可能就會被學校開除、被驅逐出教，或是被老闆解雇。有些人甚至可能遭到社會排斥，這是更慘痛的懲罰。

只要你遵循規定就能融入群體，況且融入對人類而言是非常重要的。當然，我們都是渴望與人相處、渴望有他人陪伴的群居動物。社會心理學和社會學等眾多學科都有證據指出，迎合其他人的想法、遵照他人期待我們做的事情，其實會帶來無比沉重的壓力。

我們面臨的兩難困境是一方面想要融入群體、得到別人的接納，不想因為違反社會規範遭到排斥，但是一方面又想要脫穎而出。如果太完美地融入群眾就會顯得平淡無奇，無法與其他要競爭升職的人區別開來。人們也想要表現突出，而想要表現突出，顧名思義就是要與眾不同。本章開頭所舉的兩個例子，完美詮釋了脫穎而出、打破規則往往會成為邁向成功的道路。知名作家和雜誌編輯蒂娜．布朗（Tina Brown）曾經上《六十分鐘》節目（*60 Minutes*），談到她被好幾所寄宿學校開除的故事。史帝夫．賈伯斯和比爾．蓋茲都沒有念完大學，住在郊區的中產階級家庭小孩該做的事情，他們完全不去做。

我們都渴望得到別人的接納，而且我們相信只要行為遵循規則就能得到認同，再加上人類社會化的方式，是讓大多數人在大多數時間都會按照社會的共識行事，也願意遵循**其他人**訂定的規定——這一點很重要，因為那些**其他人**往往有更多權力，也自有其利益考量。這個章節讓我們學到，雖然有無數股力量迫使我們遵循規則和從眾，但是許多邁向權力的道路卻是要我們拋棄別人的期待、忽略傳統規範和打破規則——只有一條規則除外，就是本章說的

「打破規則」。

開口要求來打破規則

西方社會格外強調一條行為規範，就是鼓勵人們自立自強，而且認為尋求協助是會打擾他人又不得體的行為。我在史丹佛的同事法蘭克・弗林（Frank Flynn）和論文共同作者凡妮莎・雷克（Vanessa Lake）做了一系列研究，說明人們有多不情願開口尋求協助，他們請受試者評估需要詢問多少人才會找到願意幫忙的人，而受試者給出的數字大幅超過實際所需人數。弗林和雷克在論文中寫道：「他們說開口請別人幫忙是一個就算不尷尬，還是會令人不自在的舉動，需要一點勇氣才能完成……除了是害怕自己看起來沒自信又不能幹，絕大多數人是害怕可能遭到拒絕。」[14]

他們的研究發現在許多情境下，如果請受試者找人幫忙，例如找三個人借手機打電話、填短短的問卷，或者請別人帶他們走到哥倫比亞大學體育館，請受試者預估要詢問多少人才能找到願意幫忙的人時，他們預估的數字都是實際人數的兩倍。弗林和雷克提出假設，發現之所以高估人數，原因在於：請求幫忙的人都會過度在意「遵從要求」將付出的成本，而無法站在接受請求者的立場思考。遵從要求是非常自動自發的行為，因為人們喜歡認為自己是個合群又樂善好施的人，而且在很多情況下，遵從要求付出的代價根本是微乎其微。

弗林和雷克的研究還有另一個重大發現：中途放棄的受試者比例異常地高，因為他們覺得請陌生人幫忙這種繁瑣的任務特別討厭。舉例來說，有一項研究請受試者向別人借手機打電話、或是請別人帶他們走到體育館，一開始同意參與實驗的人當中，有二七％的人在知道實驗內容後便中途放棄了。研究者詢問五十二名同意參加實驗的學生，請他們找人填答一份短短的問卷，其中六個人聽完後立刻放棄參加，另外三個人則沒有成功完成任務。所有實驗數據都非常符合弗林和雷克所說的：「開口尋求幫助令人感到不自在。」

但是人們其實很樂意幫忙。首先，與人合作符合社會大眾的期待，除此之外，向人求助也是一種恭維。開口向其他人尋求建議和協助的過程中，其實會不知不覺地提升對方的地位，讓對方覺得自己提供了幫助、得到了感激，最重要的是，他們可以透過遵從要求來展現自己對求助者的重要性。所以從打破規則的精神以及弗林和雷克的研究來看，結論是「我們應該更常開口請求」。

行銷大師和暢銷書作家啟斯・法拉利（Keith Ferrazzi），一九九二年畢業於哈佛商學院，他當時面臨抉擇，不知道該接受麥肯錫企管顧問公司（McKinsey）的工作，還是去勤業眾信（Deloitte Consulting）上班：

「我們想說服啟斯放棄麥肯錫，加入我們。」勤業眾信的前任執行長派特・羅康多（Pat Loconto）回想當年的情況：「但是他接受之前，堅持要見公司的『頭頭』，他是這麼稱呼他們的。」羅康多同意在紐約市一間義大利餐廳與法拉利見面。「我們喝了幾杯酒之後……啟斯說他願意來上班，不過有個條件：他和我每一年都要在這家餐廳共進一頓晚餐……於是我答應每年和他吃一頓飯，這就是我們網羅他的方式……如此一來他就保證可以『上達天聽』。」[15]

這當然是非常大膽的作法，但是有什麼壞處呢？你開口要求某件事情時，例如要求與執行長共進晚餐，最糟糕的結果就是被拒絕，對方說「不要」。但是不論是什麼情況，假如沒有開口要求，大概都不會得到想要的結果，所以其實一點損失也沒有。很多人嚐過被人拒絕的痛苦滋味，大部分的優秀業務員會告訴你，如果無法接受被拒絕，就不要做業務——而每個人其實隨時都在推銷自己和自己的想法。要習慣開口求人、被人拒絕、再開口求人，或是向不同的人要求不同的事情。開口要求會打破一些規則，但是非常有用，弗林和雷克的論文標題說得很清楚：「如果需要幫助，問就對了。」

正如本書介紹的所有規則，我說的方法都可以套用在每個人身上，不管你是什麼種族和性別都一樣。想想看雷金納・路易斯（Reginald Lewis）的故事，他打造了TLC貝特里斯國際控股有限公司（TLC Beatrice International Holdings），是第一個經營市值十億美元公司的非裔美國人。他畢業於哈佛法學院，是一名非常成功的私募股權投資人。路易斯在巴爾的摩長大，之後在維吉尼亞州立大學主修政治學，於一九六五年畢業。那年夏天，洛克斐勒基金會贊助哈佛大學舉辦課程，激發非裔美國人學習法律的興趣，並且幫助學員做好申請法學院的準備。課程有兩個「規則」。首先，課程僅限大三學生申請，學員才能在大四申請法律研究所時應用所學。第二，學員無法申請哈佛法學院，因為設計課程的用意是幫助他們培養興趣，然後申請其他學校。

儘管路易斯已經大學畢業，還是靠著堅持不懈的努力申請上暑期課程。那年夏天他傾盡全力學習，在暑期課程的表現十分優異。他接著與一名擔任課程顧問的法學院教授碰面，並提出哈佛法學院若是收自己當學生，絕對是百利而無一害。他的自傳《怎麼能讓白人享受所有樂趣？》（*Why Should White Guys Have All the Fun?*，暫譯）[16]，其中有一章名為〈不需要申請〉（No Application Required，暫譯），內文提到路易斯排除萬難進入哈佛法學院的方式，就是打破阻止他的那一條「規則」。

哈佛法學院決定錄取他之後，才請他填寫申請表以便完成入學手續，這讓路易斯成了「哈佛大學創校一百四十八年來，唯一一個還沒提出申請就獲准入學的學生」。[17]路易斯知道在暑期課程期間詢問能否入學是非常冒險的舉動，所以他與哈佛校方人員見面之前做了萬全準備，反覆斟酌和演練他的說詞，當天衣冠楚楚地赴約。其實就如同他所說，以及本章一再重複強調的主題，他有什麼好損失的呢？那年秋天他本來就不會進入哈佛法學院，所以不如把握機會提出自己的想法，而最壞的結果也就是那年秋天無法進入哈佛大學。在路易斯成為律師和私募股權投資人的生涯中，處處充滿他不遵循規則和不迎合期待的例子。路易斯願意把握機會，再加上擁有出眾的才華與能力，正是他成功的原因。

打破規則、做出改變

規則和社會規範都是掌權者訂定的，大多是為了確保自己的權力屹立不搖。因此即使某些規則、某些社會規範和期待看起來很合理，但是一點也不合理的規則還是占多數，好一點的就只是蠻橫霸道，最糟糕的是會嚴重傷害沒有權力的人。

黑人女性蘿莎・派克斯（Rosa Parks）拒絕坐在公車的後半部，便是違反了意圖使非裔美國人處於次等地位的社會規範。馬丁・路德・金恩（Martin Luther King Jr.）寫下著名的〈伯明罕獄中信〉時，他真的因為「違反規則」而正在坐牢。美國的民權運動史，其實就是人們「拒絕接受規則」的歷史，他們拒絕遵循那些阻止不同膚色的人享有投票權等相同權利的規範和法律。已故的眾議員和民權運動家約翰・路易斯（John Lewis）過世之前，曾勸告所有人都要去招惹「好的麻煩」，去挑戰那些貶低有色人種、剝奪有色人種權利的法律和行之有年的慣例。尼爾森・曼德拉（Nelson Mandela）在南非的監獄服刑二十七年，就是因為他有膽量打破種族隔離的規則和違反社會期待。

雖然這些例子都是改寫歷史的大事件，卻完美展現了一個普遍原則，就是規則都是掌權者制訂的，目的就是想延續自己的權力。因此，如果想改變權力分配的現狀，人們就要勇敢打破規則、違反社會規範，才能創造不同的社會秩序。

類似的過程也會發生在職場上。職場對於女性的性別角色期待，就是希望她們不要發脾氣或表現自己的野心，解決問題時最好為公共利益著想，這些期待都使女性在與男性爭取升職時處於劣勢，因為男性可以透過憤怒毫無顧忌地展現權力，並且實現自己的野心——職場的氛圍至少都會默許男性這麼做。

規定女性和有色人種行為舉止的社會期待，不論是大是小、細微或明顯，都讓迎合期待的人處於劣勢。這個現象有時候會稱為「雙重束縛」，因為違反規範經常會引起反彈，讓規範的既得利益者心生不滿。

在「從來沒有否認不公平、不公正的規則會造成兩難困境」的前提下，我認為參與組織生活的人，可以從追求種族和經濟正義的社會運動中學到重要的一課。沒錯，馬丁．路德．金恩是個有國定假日紀念他的重要人物，但是他一直受到聯邦調查局的嚴密監視，而且一直到他的生命結束為止，那些將他的要求視為威脅的人從來都不會歌頌他。事實上，因為他推動經濟正義又反對越戰，因此某些圈子的人十分唾棄他。但是別忘了上一章教導的原則，不要過度擔心別人喜不喜歡自己。假使你要「改變人生、改變組織和改變世界」（我稍稍更改了商學院的座右銘），就應該預期會遭遇抵抗和反彈，而且別人的反應有時候會非常激烈。

做出改變難免會重新分配資源，而資源被拿走的人自然不喜歡這種事發生。改變職場上的規則從而給予先前處於弱勢的團體更多機會，就表示先前不太需要競爭的人必須開始競爭，機會可能也會變少。

簡而言之，我雖然看到雙重束縛的困境存在，但是我真心不認為人們到頭來有太多選擇。遵循規則、服從那些不利於你追求權力的社會期待，就是給你自己少得可憐又處處受限的機會和前途。因此，我想告訴所有在追求權力的人，尤其是從劣勢中出發的人，打破規則是你們唯一可行又合理的選擇。簡單來說，假如已經存在的規則能幫助你獲勝，就盡己所能遵循和擁護那些規則。至於其他無法保證成功的人，權力的第二法則「打破規則」將帶你們邁向權力，這是在經驗上得到證實，而且實際上唯一可行的道路。

法則三

展現有權力的模樣

二〇一〇年四月，洛伊德・貝蘭克梵（Lloyd Blankfein）出現在美國參議院委員會議上，他當時是知名投資銀行和金融服務公司高盛集團的執行長。高盛集團被指控賣空販售給客戶的證券，這在某些人眼中是利益衝突而且破壞信任的行為。同年六月十七日，時任英國石油公司（BP）執行長的東尼・海華德（Tony Hayward）出席了美國眾議院的委員會議，該委員會正在調查英國石油公司在墨西哥灣的鑽油平台爆炸事件。爆炸案釀成十一名員工死亡，還引發規模龐大而且持續不止的石油洩漏危機，造成生態浩劫。然而經歷如此重大的事件之後，兩位執行長後續的職涯發展卻是天壤之別。

二〇一〇年六月十七日，英國石油公司宣布鮑伯・杜德里（Bob Dudley）將於十月一日接替海華德成為執行長。而貝蘭克梵則是持續擔任高盛集團的執行長，直到二〇一八年底他任期結束之後才卸任，甚至是自己選擇卸任的時間。

雖然兩人的處境顯然有非常多差異，不過最明顯的差別在於兩位領導人物出面作證的模樣，他們的儀態、語言和作法迥然不同，而且這些差別都毫無疑問地延伸到了其他層面。海華德的言談和舉止充滿歉意、十分拘謹，坐下的時候總是彎腰駝背，說話時鮮少使用手勢。貝蘭克梵則是來勢洶洶的樣子，自我陳述顯得強而有力。

我剪輯了他們作證時的影片，還剪輯了無聲的版本，好讓學生專心觀察他們的肢體語言，目的就是為了呈現我認為在了解權力時最顯而易見、最重要的概念。你如何「展現」自己非常重要，甚至可能會決定你的職涯發展、你在別人眼中展現的權力和地位，以及能不能保住工作。不論你的職稱和頭銜為何，別人都無法全盤了解你的影響力和力量，總是存在著不確定性或模糊地帶，所以別人會評估你這個人是否值得認真對待，是不是應該聽從你或與你結盟。誠如已故社會心理學家娜里妮・安巴迪（Nalini Ambady）所言：「對其他人產生印象，是人類重要的技能。」[1]

根據研究顯示，人們對其他人的印象產生得非常快速，這種概念叫做「薄片擷取」（thin slicing），通常只要短短幾秒鐘就能對別人的個性產生明確的評估。人們接著會用觀察到的瑣碎行為，對其他人做出後續的決定和判斷。研究也顯示，即使是快速產生的第一印象，存在的時間卻是出奇地長。

第一印象之所以能持續這麼久，一部分是因為無所不在的確認偏誤（confirmation bias），也就是人們傾向以符合自身信念或期待的方式去尋找和解讀證據。[2]因此，如果你想要取得和維持權力，就要遵循權力的第三法則，就是展現有權力的模樣，因為別人會根據你呈現的樣子來對待你、決定對你的看法，而他們的決定往往會讓第一印象成真。舉例來說，如果別人認為你不太聰明或能幹，他們就不會問那些能讓你表現自己的問題，也不會給你太多機會展現自己的知識和才幹。社會心理學家羅伯特．席爾迪尼曾經告訴我一句非常有見地的話：你製造第一印象的機會只有一次。

現在，我們來比較一下兩位執行長作證時的樣子。海華德朗讀事先準備好的開場陳述，花了大約六分鐘的時間。每個人每分鐘平均會說一百三十到一百五十個字[3]，而他的開場陳述只有九百個字左右，大可直接背起來。因為忙著低頭唸稿，所以他沒辦法頻繁、持續地與聽眾眼神交流。數十年前的研究便已指出幾件事：第一，眼神交流可以增加講者的可信度和誠懇的感覺[4]；第二，眼神交流的過程會影響觀察者對別人的判斷，包括對方的領導能力[5]；第三，眼神交流會影響別人對講者自尊心的觀感，進而讓人對講者產生好感[6]。除此之外，照稿唸出開場陳述讓海華德像是在照本宣科，看起來不夠誠懇，讓人覺得那也許不是他自己想說的話，而是律師或下屬代筆擬定的講稿。

上台演說時不帶小抄，讓人看起來對談論的主題和自身處境胸有成竹，這一點非常重要。已故的傑克．瓦倫帝（Jack Valenti）曾任美國電影協會會長三十八年，他告訴過我，他到國會作證的時候從來都不帶小抄，因為他想讓人覺得他熟稔議題，而且不用一直低頭看小抄才能更直接地與聽眾互動。表現得有權力的第一個建議：不要使用小抄或太多道具和提示，尤其是那些會讓你無法與對方或聽眾眼神交流的東西。

海華德的言行舉止充滿歉意，除此之外，即使他的公司每年都會在世界各地鑽出幾百個油井，身為執行長的他卻在回答問題時表示，自己與爆炸的油井毫無關係，「完全沒有」。最重要的是，針對英國石油公司和他們做的事情他隻字未提。公司成立多久了？在美國有多少員工？公司做了哪些事情，這些事情又會如何影響墨西哥灣沿岸等地的經濟活動和就業情形？為什麼明知環境條件惡劣，英國石油公司還是執意在墨西哥灣鑽油井？海華德承諾會調查釀成災禍的原因，而且會賠償和挽救石油洩漏造成的生態浩劫，但是對於公司是否已經掌握情況，或者能否承諾未來不會再發生類似意外，他都只是輕描淡寫地帶過。

最重要的是，海華德幾乎沒有捍衛英國石油公司和其員工的工作、名譽或聲望。我以前有個學生在英國石油公司擔任資深主管，他寫信告訴我，海華德一點也沒有說服力，沒有展現出一絲懊悔。

相較之下，貝蘭克梵顯得十分從容自在，臉上時時掛著笑容，面對別人提問時則會露出疑惑的表情，彷彿在暗示提問的人一點也不了解議題。他多次解釋高盛集團的角色是金融中介和市場製造者，他也有提到公司成立的時間，而且不論是聲望或規模都是金融服務業的領頭羊，還說到客戶的信任非常重要，以及他們訓練有素的員工有多麼專業。

他堅稱，高盛集團只是在做知識淵博又精通世故的客戶想做的事：例如客戶想要在房市執行交易，他們就站在客戶的對立面提供他們找尋的風險。他反覆解釋金融市場的運作方式，以及高盛集團在市場中扮演的各種角色，他的舉止儀態在在顯示他對高盛集團所做的事問心無愧。作證的三個小時之間（海華德作證了九小時左右），貝蘭克梵**沒有一次**為高盛集團的所作所為道歉，也沒有一次放棄解釋市場製造者的工作，以及他們參與避險活動的權利和責任，其中就包括賣空他們販售的證券。

不管你是一位將面對許多嚴峻挑戰的公司執行長，還是一個想求職或追求升職的人，如何展現自己的權力和職位都確實會影響你的後續發展。我在本章節說得很清楚，語言和肢體語言會影響別人對我們的判斷，而那些判斷都有其後果。艾美．柯蒂談論肢體語言的TED Talk影片觀看次數非常高[7]，還有她撰寫的《姿勢決定你是誰》（*Presence*）[8]會成為暢銷書都是有原因的。這就是為什麼展現有權力的模樣這麼重要，接下來會有更多教你如何辦到的建議。

模樣很重要，會影響你的未來

接下來，我們一起看看以下實驗。研究人員為十三位教授不同學科的大學老師拍攝課程影片，剪成三段只有十秒的無聲影片後，播放給九名大學生看，請他們針對教授的自信、主導性、誠懇和同理心等面向打分數。除了九位評分者看完無聲短片後為老師的外表和行為打出的平均分數，另外還有十三位實際上過完整課程的學生，在經過長達數週的觀察後為課程打的分數。

他們的研究問題是：這兩個分數之間會有關聯嗎？答案可能讓你嚇一大跳：無聲短片的分數與真正上課的學生給予的評價，不僅有關聯，而且是呈現高度相關。舉例來說，與實際修課學生給予的評價分數相比，觀看影片評分者給予的自信分數相關係數為〇．八二、主導性分數的相關係數為〇．七九、熱忱分數為〇．七六、樂觀分數為〇．八四。[9]

研究人員對於這個結果的解讀是，薄片擷取的非語言行為能夠確實反映出一個人真正的特質。研究數據還有另一種解讀，與本章的論點不謀而合。不論是針對教學成效給予評價的學生，或是依據無聲短片為教師打分數的評分者，他們對於展現精力、影響力、自信及其他個人特質的非語言行為，都產生了類似的反應和觀感，雖然這與能不能有效將教學內容傳達給學生沒有太大關聯，卻與其他人如何評斷有很大的關係。不論是評分者還是學生，都是針對教師的**模樣**做出反應。

而且模樣並非只有在課堂上很重要。課程評鑑研究的共同作者娜里妮．安巴迪，曾參與另一項共同研究，研究的問題是：「對執行長產生的印象……與公司的表現有關係嗎？」[10]在這項研究中，研究人員給一百位大學生看《財星雜誌》（*Fortune*）全球五百強企業執行長的照片，請他們評斷執行長整體的領導能力，抑或包括才幹、主導性、好感、成熟度和可信任度在內的五項特質，然後為他們打分數。即使在統計過程中控制了年齡、情感和吸引力等因素，研究人員還是發現，「根據執行長外表給予權力相關特質的分數」與「公司的營業收入」呈現高度相關，也與執行長的領導能力評分高度相關。[11]

第一份研究只將男性執行長作為評分對象，後續又進行了以女性企業領袖為主的研究，也得出相同的結果。[12]研究結果不禁令人好奇：「到底是成功的公司會選擇特定模樣的人擔任執行長，還是特定模樣的人擔任執行長的事業比較成功。」[13]不管哪一種解讀是對的（也有可能二者都對），模樣與成功領導之間的關聯已經出現在許多商業以外的領域，而且是非常可靠、可以重現的研究結果。

這些經驗研究結果告訴我們，在各個方面、不同條件和背景下，人的模樣都非常重要，還能決定職涯成果和掌握的權力，而且這樣的觀點非常公平又準確。我不想繼續用無聊的延伸研究文獻轟炸你們，所以我們來看幾個與主題相關的重點：

- 有一項研究假設：「從臉部表情得到的隱含特質推論，會在日常生活中產生偏見。」研究人員後來發現，在別人眼中看起來值得信賴、不煩躁焦慮的人，在急診室等待檢傷分類的時候可以得到優先處理。[14]
- 某一項研究採用了數十萬名瑞典男性的資料，藉以驗證經常有人討論的身高與收入關係，也就是「身高越高賺得越多」的看法是否屬實。研究者發現，證據顯示身高與收入的關係會反映出家庭背景，以及身高與認知和非認知技術之間的關聯。[15]
- 除了身高，外表吸引力也可以帶來高收入[16]和其他正面的職涯成果，例如更容易受到雇用[17]和受人推薦升職[18]。最近有一個整合六十九份研究的全面統合分析指出，相較於吸引力為平均值的人，具有高度吸引力的人收入會高出二〇％，也更容易受到推薦而晉升。[19]產生這種關聯的其中一個原因是：有吸引力的人在人力資本的優勢較小，社會資本的優勢卻很大，一部分是因為他們的曝光度比較高，以及其他人更願意提供他們指導和建議。

面對看似有權力的人便產生毫無理性的自動反應

看到外表和行為展現出權力的人，我們的反應至少會有一部分是出於本能和潛意識。我們的祖先為了生存，必須快速分辨別人是敵是友，也要辨別誰才能在統治權的爭奪中占上風。因此，快速評斷他人的能力是經過演化後不斷適應改良的技能。所以說，「雖然人人都說不要以貌取人，我們還是會從別人的容貌產生第一印象。除此之外，我們所產生的印象中存在大量的共通點，從而產生驚人的社會影響。外表之所以這麼重要，是因為某些臉部特徵能夠非常有效地引導適應行為，甚至只要顯露一點點特質都能塑造印象。」[20] 當然，這種自動產生的反應不總是準確無誤。無論如何，「相較於無法對體型、年齡、情感或熟悉度不同的人產生適當反應而出現的錯誤，我們都認為這種以偏概全所產生的錯誤比較少。」[21]

雖然我們總是認為自己很理性，但事實上我們有很多決定都受到情感左右。行銷教授巴巴．希夫（Baba Shiv）做了一項延伸研究，探討情感在我們做選擇時產生的影響。[22] 基本上，如果時間和注意力等認知資源受到限制，決定就會更容易受到情感而非思考所影響。這是日常生活中的典型情況，面對快速又連續出現的局面，我們做決定時很少會深思熟慮，而是會不假思索地靠著情感快速反應。這個現象的意義在於：我們對別人的外表和肢體語言做出的反應，大多是在我們的意識之外，因此很難克服。

了解真正的聽眾是誰，以及他們想要或需要從你身上得到什麼

這時候的你可能會想，外表有多重要的研究還算有趣，但是假如我不打算去做各式各樣的整形手術，這件事還與我有關係嗎？雖然人們無法完全改變面貌，但還是可以做其他事情來增加外表上的吸引力，或者營造身材修長的感覺，例如多花點心思修飾外表、搭配顏色和選擇服裝，展現個人的力量和強調自己的外貌優勢。最棒的是如同本章一開始所舉的例子，人們可以、也應該利用臉部表情、肢體語言、用字遣詞等等能夠展現「權力樣貌」的方式，盡其所能呈現他們的權力和影響力。

加州大學柏克萊分校的社會心理學家達娜．卡尼是一位非語言行為專家，她表示：「透過非語言行為表達自己的權力很簡單，而且不管你實際上有沒有權力都辦得到……展現權力的行為都很容易挑選和運用。」[23]我在本章節說得很清楚，人們可以做很多事情來展現權力，同時避免自己顯得弱小又低聲下氣。

最重要的是，人們要釐清自己需要「推銷」的對象是誰，以及那些人想要和需要從自己身上得到什麼，這是大衛．戴門瑞斯特（David Demarest）一再強調的重點。戴門瑞斯特曾擔任史丹佛大學的公共事務副校長、Visa公司企業關係副總經理，以及老布希總統的媒體公

關處長。戴門瑞斯特擅長開發傑出和成功的溝通策略，他主張：我們的最重要聽眾不一定就在我們面前。舉例來說，貝蘭克梵和海華德都曾出席過委員聽證會，但是現場的參議員和眾議員對他們的職涯或公司的利益影響有限，甚至可以說是毫無影響力。兩位執行長真正的聽眾，其實是公司員工和董事會成員，他們想看到領袖釋放出權力、力量和安心的訊號，帶領公司度過危機。

英國學者羅伯・高菲（Rob Goffee）和記者蓋瑞斯・瓊斯（Gareth Jones）合著了一本書，書名十分發人深省：《別人為什麼要聽命於你？》（*Why Should Anyone Be Led by You?*，暫譯）[24]。每一天，或者至少是偶爾，你身邊的人都會問：你為什麼可以當主管？你為什麼能身居有權力和影響力的高位？一部分的答案來自你實際的工作表現，還有你的技能與才幹。但是大部分的答案來自你的言行，還有你展現自己的方式，你有沒有讓別人對你的能力產生信心。

大部分的普通人都傾向於覺得自己很棒，這表示他們覺得自己的雇主很棒，因為雇主的品牌就是他們的工作成果。人們為了讓自己覺得自己很棒，就會想要與看起來很成功、可以在戰場或其他鬥爭中取得勝利的組織或人合作。對於來自別人身上的強大訊號，人們也大多會積極回應。雖然我們多半認為人們會幫「不被看好」的一方加油，但是涉及自身時，人們還是偏好站在贏家的那一方。

道歉、憤怒和權力

某些情緒會傳達出力量，其他情緒卻不見得會。因此，傳達有權力的情感，避免表現出降低自己地位的情感，是非常重要的。說到這一點，許多人認為有一個觀點是十分違反直覺的，那就是「憤怒可以表達權力」，即便是（或者說尤其是）有人犯了錯或做出瀆職行為，表達憤怒往往才是展現權力的明智之舉。相較之下，流露悲傷、懊悔和歉意所展現的權力感比較低，因此在必須展現權力和才幹的情況下，最好避免出現以上三種情緒，而必須展現權力的情況其實比大多數人想像中來得頻繁。

背後的道理和邏輯非常直截了當。憤怒與脅迫和威嚇息息相關，展現憤怒正如同脅迫和威嚇，在別人眼中通常是不友善、不合規範，甚至是社會大眾難以接受的行為。在此重申一下前一章打破規則的主題，如果有權力的人可以打破規則，就表示打破規則可以營造有權力的感覺。同理，因為展現憤怒不是符合社會規範的行為，而且只有權力大的人可以違反社會期待，因此如果有權力的人可以比沒權力的人更容易發脾氣，這就表示表達怒氣可以營造地位較高的感覺。

因為這個邏輯關係，才會有人建議「利用展現憤怒取得權力」。貝蘭克梵和海華德的行為以及發生在他們身上的事，都符合這個概念。海華德因為道歉而顯得軟弱，貝蘭克梵強硬又毫無歉意地捍衛高盛集團，反而讓他看起來更強大，也提升了公司的地位。舉另一個例子來說，美國前總統唐納・川普不論是在面對《前進好萊塢》（*Access Hollywood*）節目的失言事件（他在節目上吹噓對女性做出不雅舉動），還是對他金融不法行為的指控，他典型的回應方法就是主動出擊，與對手纏鬥到底。我不是說這樣的行為「正確」，我只是闡述：有證據顯示憤怒能帶來較大的權力與較高的地位，尤其是與悲傷或懊悔等負面情緒兩相比較。

社會心理學家拉瑞莎・蒂登絲（Larissa Tiedens）指出，「發脾氣的人看起來更有主導權、強大、能幹和聰明」，而人們會認為「相較於表情悲傷的人，表情憤怒的人社會地位更高、更有權力」。[25]蒂登絲用不同的方法做了四項研究，證明「展現憤怒可以讓你得到地位的授予」，因為發脾氣會讓人顯得能幹，流露悲傷則會產生溫暖的印象。

其中一項實驗是在軟體公司的實地研究，蒂登絲發現，越常生氣的人升職的頻率越高、賺得越多，當經理評估哪些員工未來可以升職時，他們得到的分數也比較高。正如同我前面曾提到「不需要得到別人喜歡」的論點，蒂登絲的結論是：「雖然發脾氣會讓別人覺得很難搞又很冷漠，但是討人喜歡與地位授予並沒有關係。」蒂登絲還參與了另一項研究，發現表達憤怒會讓人在協商時得到更高的價值、表現更好，因為發脾氣顯示了一個人的韌性和頑強。[26]

道歉可以說是發脾氣的反義詞，這是許多人遇到責難時最直接的反應。道歉有三大缺點，值得我們先深思熟慮再決定是否要道歉。首先，最顯而易見的缺點就是：「道歉本質上與犯錯的人有著密不可分的關係。」[27]一件事情失敗的責任歸屬，原本可能模稜兩可或是有所爭議，但是一旦有人道歉了，那個人或組織就會清清楚楚地與負面行為或結果劃上等號。

第二，道歉的人要承受心理成本，因為道歉會影響到一個人的自我知覺。研究者做了兩項實驗，發現**拒絕**道歉會讓人「更加覺得自己有權力／控制力、價值完整和擁有自我價值。」[28]因此，不道歉其實符合人們和組織對於一致以及自我肯定的渴望，也就是強大、有效率又優秀的人和組織不會犯錯，所以不必為任何事情道歉。

第三，也可能是最重要的一點，就是道歉不只會影響道歉的人本身，因為道歉還牽涉到信用和責難，更會影響人們對自己的感覺。此外，道歉還會影響**別人**對道歉者的看法。因為道歉是低度權力的行為，其他人會覺得道歉的一方的影響力、地位和聲望都比較低，進而影響其他觀察者的行為。如果自己在別人眼中是有權力、有聲望的樣子，當然能得到不少好處，而道歉就會降低得到這種好處的可能性。

其中一篇研究道歉的回顧文獻寫道：「在需要彰顯才幹的情況下道歉的人，會使他們的才幹在別人眼中受到負面影響……雖然一般認為道謝和道歉是禮貌的行為，但是研究者發現，使用禮貌的溝通方式，會讓別人對發言者的主導權、權力和自信大方產生負面觀感。」[29]針對道歉的相關研究，凸顯了人們一直在「看起來溫暖」和「看起來能幹」兩種社會知覺之間頻繁做出取捨。

每次討論到表達悔恨和道歉是否有用，很多人就會提到泰諾止痛藥（Tylenol）的例子，但這是個特別又不尋常的案例。事情是這樣的：一九八二年九月，芝加哥有三個人因為服用摻有氰化物的泰諾止痛藥而不幸喪命。當時引發一連串中毒事件，最終導致七個人死亡。[30]藥物製造商嬌生集團（Johnson & Johnson）立刻下架所有泰諾止痛藥，並呼籲民眾等到他們推出防竄改包裝（也就是現在常見的包裝）之後再購買服用。嬌生集團的迅速反應緩解了大眾的擔憂，不久後泰諾便重返止痛藥市場的龍頭地位。

這個案件與許多人在組織中遭遇的情況有著非常重要的區別：事實上，完全不會有人認為嬌生集團要為連續死亡案件負責。商店貨架上的商品遭到破壞是從來沒有發生過的事，因此公司本身不論做什麼或不做什麼，都不是導致悲劇發生的主因。這種缺乏自主權的情況與英國石油公司、高盛集團、川普、大部分公司或個人的處境都不符合，他們在事件發生時受到自身行為的影響更深。

假如一個人或組織無法完全與其行為分開來看的話，例如蒂登絲的實驗研究內容，以及美國前總統比爾．柯林頓（Bill Clinton）和莫妮卡．陸文斯基（Monica Lewinsky）的醜聞，那麼「該如何回應」的問題就改變了。與行為產生連結後，道歉通常會給別人軟弱的印象，接著人們就是探討責任歸屬以及應該做些什麼來防範問題。相較之下，發脾氣以及像貝蘭克梵一樣否認犯錯，別人可能最終會接受他們維護形象的說法，因而選擇放棄。

自信很重要（就算是沒來由的信心也一樣）

研究顯示情緒和行為具有感染力。[31]醫學界做過許多群體心因性疾病的研究，其中有些案例是因為看到別人生病而生病，假如在學校的話就是看到同學生病。[32]「感染似乎包含生物和社會過程」，這種過程是無孔不入的，人們即使正受到感染，通常也不會察覺。[33]情緒不只有感染力，還非常重要。最近有一篇研究發現，有證據指出，組織環境中的情緒感染「對於各種態度、認知和行為／表現結果都會產生影響」。[34]

由於人們想要對自己參與的事情感到驕傲，並且相信自己和同事可以成功，所以身為領導者的其中一個重要任務就是「散發自信」。只要有一個人散發自信，其他人就很有可能追隨和支持他，或者是雇用他和讓他晉升。除此之外，如果領袖人物散發出自信，以感染的概念來說，其他人的言行也有可能變得更有自信。散發自信非常重要，所以第一章的權力第一法則，就教導大家要使用表達自信和力量的用詞、語言和肢體語言（本章重點），即便你的自信沒有客觀現實支持，或者你當下完全沒有信心也沒關係。

有人主張過度自信代表能幹，所以過度自信可以幫助人們取得更高的社會地位，加州大學柏克萊分校教授卡麥隆．安德森及其同事便做了研究檢驗這個想法。[35]其中一項研究是請受試者做地理知識測驗，他們發現過度自信的人，不僅能反映出答題夥伴對他們才幹的評分，也能反映出他們獲得的地位，過度自信「如同實際的能力，與夥伴給予的才幹分數有緊密的關係。」第二項研究指出，過了七個星期之後，其他人對過度自信的人產生的自信觀感，以及過度自信的人因此獲得的地位都依然存在，表示這種現象不是短暫的。

安德森和同事還做了另一個實驗，釐清人們是用什麼特定行為線索來推斷他人的才幹，他們發現：一個人說話所占的時間百分比、自信又肯定的語調、提供與問題相關的資訊、採用延展肢體的姿勢、展現冷靜從容的儀態和給予答案，都與觀察者會產生能幹的觀感呈現正相關。

有趣的是，在這項研究和其他人的研究中，納入了個性與性格的分析衡量，但是並不影響研究結果。他們的發現符合整本書的論調，也就是一個人可以學習和採取的行為，正是影響取得權力的關鍵。不是說個性一點也不重要，但是行為往往是最關鍵的因素。舉例來說，有一份與自信和權力相關的研究，請受試者隨意擺出延展肢體（高度權力）或收縮肢體（低度權力）的姿勢，接著在模擬工作面試中發表兩分鐘的自我介紹。擺出高度權力姿勢的人更容易被錄取，他們得到的表現分數也比較高。[36]

建議各位展現自信和發脾氣，似乎牴觸了一項傳統共識，就是建議人們透過揭露弱點來與他人產生連結，擺出較軟的姿態促使其他人與自己站在同一邊，以提供慰藉與協助。應該怎麼做，取決於當下哪一個動機比較強烈：是與強者結盟並取得成功的動機，或者是提供幫助、與揭露弱點的人拉近關係的動機。兩種情況都有可能，但是我讀到的研究認為，一般來說還是採取與強者結盟並取得成功的動機比較好，這樣才能沉浸在權力的榮耀之中。

一篇探討自我揭露的研究，提供了其中一種解析矛盾的方式，作者寫道：「自我揭露在職場上逐漸成為適當（且常見）的現象。」[37]作者做了三項實驗來釐清自我揭露各種弱點的後果，他們發現在以工作為主的人際關係中：「如果高位者揭露自己的弱點，就會造成影響力降低……更容易產生爭執……以及沒有發展未來關係的意願。」[38]但是如果是向地位同等的人揭露弱點，就不會發生上述的負面效應。我的結論是：在工作環境中展現自信和才幹格外重要，尤其是當你身居高位，其他人期待你展現領導風範、安定人心的情況時。

所以，沒錯，你可以向朋友吐露你的弱點和不安全感，假如你不是領導人物的話，即使展現自己的脆弱也沒有關係。但是如果你是高位者，最好別讓任何共事者知道你缺乏安全感。人們喜歡向他們認為會贏、會占上風的人看齊，所以做任何會讓他們改變想法的事情大概都不是好主意。

肢體語言可以表達權力

二〇二〇年，柏克萊哈斯商學院的社會心理學家達娜．卡尼，完成了以非語言行為傳達權力、地位和主導權的全面文獻回顧，雖然是三個完全不同的概念，卻有著非常相似的肢體語言。[39]卡尼的文獻回顧解答了非語言行為常見的問題：性別或文化會造成差異嗎？從證據和數據來看，她的答案是「不會」。文化方面，證據顯示人類以外的靈長類動物也會做出類似的展現權力行為。除此之外，其他國家也進行了許多非語言表達權力的研究，結果顯示這種行為跨越文化的普遍性。至於性別，卡尼的結論是：「性別與已知或實際上展現權力、地位和主導權的非語言表達方式，並不存在制式的相互作用。」所以本章給予的建議，應該是放諸四海皆準的。

表格3-1	實際上與權力、地位和主導權有所關聯的非語言行為
更多手勢	
延展肢體的姿勢	
人際距離較短（十分靠近其他人）	
更內斂的手臂和手部動作	
音量更大	
更成功地打斷他人	
說話的時間更多	
注視的時間更長	
視覺優勢比率較高（說話時注視別人的時間大於聆聽時注視的時間）	
更不受拘束的笑聲	

表格3-1所列，是一些經過證實與表達權力、地位和主導權相關的非語言表達方式。當人們思考如何在組織生活中展現自己時，這些看似了無新意的行為線索就變得非常重要。

當然，人們可以學習如何透過非語言行為展現權力，也可以透過訓練、教導和練習而越來越精進。一份延伸研究指出，付出的努力都會是值得的，因為表達權力和地位的非語言行為真的會有成效。

有權力的發言，有權力的用詞

「文字的力量有多強大，行銷界的每一個人都心知肚明。正確的文字可以為商品打造令人渴望的光環……文字會形塑我們的想法。」[40]雖然相較於言語，一個人的外表和聲音更容易影響其他人對他的評斷，但是語言同樣非常重要。

展現權力的發言有幾個特色，第一點是簡潔有力。展現權力的演說大部分都是單一音節的詞彙，不會是拖了一堆子句的複雜句構。展現權力的發言一定要淺顯易懂，這就是語句強而有力的其中一個原因。展現權力的發言不會造成聽眾太多的認知負荷，而是以簡潔易懂的詞彙告訴聽眾結論是什麼。弗蘭契—金凱（Flesch-Kincaid）適讀性公式是衡量英文段落理解難易度的方法之一，或者也可以採用與適讀分數相關的弗蘭契—金凱年級程度公式。越容易閱讀的文字，與越低年級的程度相符。[41]適讀分數的公式是：

$$206.835 - 1.015（總字數／總句數）- 84.6（總音節／總字數）$$

大多由單音節詞彙組成的短句，閱讀或聆聽時會更容易理解。而年級程度的公式是：

$$0.39（總字數／總句數）+ 11.8（總音節／總字數）- 15.59$$

發言展現權力的第二個特徵，就是不使用委婉的詞彙，例如「算是」和「有點」，也要減少使用「嗯」或「呃」之類含糊的字詞，以及少用敬語。[42]展現權力的發言要使用展現權力的詞彙，可以產生鮮明影像、讓人產生情緒的詞彙，例如「受傷」、「死亡」和「問題」。

展現權力的發言者會給出說法，而非提出問題。展現權力的發言會考量到句子的最後一個詞有多重要，結尾一定要強而有力。他們發言時會利用停頓和不同的語速來強調重點，抓住聽眾的注意力。最重要的是，展現權力的發言會不斷重複想法與主題。證據顯示：「相較於新的說法，人們更容易認為反覆出現的說法是真的，這種現象稱為真相錯覺效應（illusory truth effect）。」[43] 兩項實驗證明了：「不管說詞的來源有多少，人們更容易被一再出現的說法誤導，也對這樣的說法更有信心。」[44]

唐納・川普競選美國總統時，曾在二〇一五年十二月作客吉米・金莫（Jimmy Kimmel）的深夜節目回答問題，而YouTube上有一支深入剖析川普訪談的精采影片，完美詮釋了上述所有概念。[45] 金莫詢問川普，他提倡的禁止穆斯林移民政策是不是違反了美國精神。川普正如大多數擅長演說的人，只回答自己想回答的問題，而非對方真正提出的問題，就像是高盛集團的貝蘭克梵面對議員質問他們是否占客戶便宜時，他的回答方式是一再解釋中介者在金融市場中的角色。在川普一分鐘的回答中，七八%的詞彙都是單音節，使用的語言大概是四年級的閱讀程度。川普經常重複相同的論點，也就是發言展現權力的另一個特徵。

正如同肢體語言的例子，證據顯示：不同性別之間存在的相似多於差異。一項「雙文化」研究主張，男性會使用展現更多權力的語言，女性則會使用權力較少的語言。然而事實與預期相反，有一項研究發現，不同性別使用委婉語言和中斷的頻率並沒有差別，作者指出：「研究者最近開始質疑，研究溝通中的性別差異是否必要和／或有意義。」[46]但是這個結論不表示完全沒有差異存在，而是語言和肢體語言的含意都是想嘗試主流和習慣上成功的方法，除非證明這麼做是無效的。

如何讓「有權力」的印象成真？

第三法則的前提是一個人的模樣，也就是肢體語言和言詞，會深深影響其他人對他的看法，而這些看法會進一步引導其他人做出相應的決定。意義在於：掌握如何用多種方式展現自信、吸引人又有權力的模樣。確認偏誤的運作方式和深植人心的第一印象，會讓一個人的模樣（也就是透過言談與自我呈現的方式給人的印象）變得非常重要。

相關的延伸研究有證據證實「模樣」的重要性，由於被其他人不符合現實的表象所欺騙的人實在太多了，這提供了不少引人入勝的例子。其中最有名的案例非法蘭克．艾巴內爾（Frank Abagnale）莫屬[47]，根據他的自傳改編而成的電影《神鬼交鋒》（*Catch Me if You Can*）甚至入圍奧斯卡金像獎。在艾巴內爾的詐欺生涯中，他曾經假冒泛美航空的機長，時不時會受邀進入其他航空公司的駕駛艙，甚至擁有駕駛權。他也曾經冒充楊百翰大學（Brigham Young University）的教學助理、負責督導實習醫生的醫師（之後因為差點害死一個嬰兒所以收手），還假扮過律師。

另一個案例是克利斯欽・葛哈特斯瑞特（Christian Gerhartsreiter），他比較為人熟知的身分是詹姆斯・費德利克・米爾斯・克拉克・洛克斐勒（James Frederick Mills Clark Rockefeller），也就是他冒充洛克斐勒家族成員使用的假名。[48]他憑藉自己的「顯赫家世」，迎娶了「收入優渥的麥肯錫公司主管」珊卓拉・伯斯（Sandra Boss），而且她還是畢業於史丹佛和哈佛商學院的高材生。伯斯雖然是家中唯一的收入來源，她的丈夫「洛克斐勒」卻牢牢掌控了全家的財產。

人類基本上很容易相信別人。人們訴說與自己人生、職業和個性有關的故事時，很少人（或者說幾乎沒人）會願意做簡單的查核，像是問問他以前的屬下、商業夥伴等人，看看他說的故事是否屬實。人們對於自己的決定十分堅定，一旦在人際關係中投入金錢或感情，這種承諾就會讓他們不願意承認自己的判斷錯誤。情勢經常是模稜兩可的，一個人實際上擁有多少權力或才幹，其實很難判斷。

基於這些因素和其他原因，你絕對應該遵循第三法則，盡你所能展現出有權力的模樣。

法則四

建立有權力的個人品牌

二〇二〇年底，朱蘿拉（Laura Chau）晉升成為Canaan Partners公司的合夥人。創投公司Canaan Partners成立於一九八七年，成立至今已經募得超過六十億美元，投資超過三十間上市公司。朱蘿拉十分清楚建立強大個人品牌的重要性，而她之所以能建立成功的個人品牌，其中一個原因是登上《富比士》的「三十位三十歲以下最具影響力人士」（30 Under 30）名單。按照朱蘿拉的說法，個人品牌如此重要是因為：「如果要成功得到資金，就需要盡可能談成最棒的交易。為了談成最佳交易，就必須拓展交易的機會。一對一能做的事情有限，而品牌會是很厲害的行銷方式，你會成為別人心中第一個想到的名字。」

朱蘿拉開了一個podcast節目，名稱叫做《*WoVen*》，也就是「冒險的女人」（Women Who Venture）的簡稱。這個節目讓她「有機會和權利訪問各行各業的資深女性從業人員，或者上市公司的創辦人，與她們暢聊一個小時」。由於大部分的人都同意受邀上節目，朱蘿拉就能有策略地藉此大幅拓展她的人脈。除此之外，她靠著在節目中與高位者結交，也提升了自己的地位。

我們對身邊的人認識有限，一項研究發現，如果在組織中有一位身分顯赫的朋友，就能提升那個人的名聲。[1]社會心理學家羅伯特．席爾迪尼曾提過的一個例子，經常被用來解釋因人際關係而獲得地位的現象：「羅斯柴爾德男爵（Baron de Rothschild）是個家財萬貫、功成名就的金融家，有一天，一名熟人來找他貸款。據說這偉大的金融家是如此回答的：『我自己不會貸款給你，但是我會親自帶你去證券交易所走一趟，不久之後應該就會有許多人願意貸款給你了。』」[2]因為地位和名聲可以轉移到其他人身上，所以人們都會公開自己與成功人士的交情和關係。[3]其道理是：建立有權力的個人品牌的其中一種方式，就是與享譽盛名的人物和組織產生連結。

朱蘿拉不只憑著節目與身分顯赫的人產生連結，也經常在部落格上撰寫相關主題的文章，將自己塑造成細心周到的投資人。她曾為一本書撰寫過一個章節，以社群媒體為主題寫了一長篇論文。她說，該書作者在參加巡迴簽書會的時候，她是唯一能幫忙作者爭取演講機會的人。她指出，寫作能夠讓自己成為值得公司創辦人交談的對象，而不是：「你好，我是某個叫蘿拉的女人，在某個創投公司工作，你下次要籌資的時候應該找我談談。」

朱蘿拉後來開始籌組二十人左右的小組會議，她說：「我會選擇自己正在鑽研的主題，接著找三位資深的公司創辦人，請他們擔任主講人。這樣一來我就能與資深人士建立人脈，接下來再邀請二十位正在組建公司、而且我很想見一面的新創企業家。會議過程中，我可以從比我專業很多的創辦人和資深企業家身上學到知識，再寫成部落格文章發表。」

朱蘿拉還發行了名為《仔細評估》（*Taking Stock*）的電子報，只要是用電子郵件與她通過信，或是來參加她主辦的活動的人，都會收到電子報。她利用電子報來「與科技社群保持一點聯絡」，她會在電子報中分享資源、精選刊登自己的部落格文章，電子報也能夠作為活動參與者發表回饋和提議的管道。二〇二一年，朱蘿拉在Clubhouse上推出一週一次的節目《划算交易時光機》（*Hot Deal Time Machine*），回顧幾個最經典的創投交易案例。她與創辦人以及支持企業的創投公司對談，是為了從他們的經驗中學習。她在電子郵件中告訴我：「在新的平台上建立聽眾，同時與上節目的來賓交朋友真的非常有趣，我也會把對談中的精采內容放進電子報。」

不論是podcast、電子報、Clubhouse節目、部落格、小組討論還是會議，都幫助朱蘿拉在投資社群建立起存在感。「我建立起品牌之後，更容易接到各式各樣的邀約，像是『上我的podcast節目吧』，或者是『你願意來參加小組討論或發表演講嗎？』我認為演講者的圈子有點封閉，人們經常去找在最近一場會議上發言的人，邀請他們參加自己的會議，因為那通常是聽眾想看到的人。一旦你進入這個圈子，就會一直待在裡面，接觸到更廣大的聽眾。」

朱蘿拉將個人品牌「飛輪效應」的許多面向解釋得很清楚，事情如何一件接著一件發生，以及一個人能透過這些活動在高度競爭的環境中讓自己顯得與眾不同、脫穎而出。這樣一來，他們的信用、人脈連結和權力都會向上增長。這就是為什麼建立有權力的個人品牌，正是權力的第四法則。

創造一套敘事，然後不斷重複

品牌必須連貫而一致。最理想、最有效率的品牌，可以結合一個人的私人領域與專業領域，讓人們清楚明白為什麼只有他有資格擔任那個職位，或者只有他可以在特定產業中成立公司。

崔斯坦．沃克（Tristan Walker）是非裔美國人，出身自弱勢家庭。他在紐約市皇后區的公共住宅長大，三歲的時候父親便遭到槍擊過世。他長大之後創立了「沃克與夥伴品牌」（Walker and Company Brands），這間民生消費商品公司專門提供有色人種用的美容商品——一個長久以來嚴重受到忽視的龐大市場。沃克的公司透過Andreessen Horowitz等創投公司籌措資金，而寶僑公司（Procter & Gamble）最終於二〇一九年收購沃克公司。

沃克為自己和公司宣傳的方式非常有效，二〇一六年的時候沃克才三十二歲，當時他和一手創立的公司已經登上許多報刊雜誌，「《*Fast Company*》雜誌不尋常地撰寫了八千字長文介紹，還有《紐約時報》、《洛杉磯時報》、《時人雜誌》、《*Essence*》雜誌、《華爾街日報》、《*Inc.*》雜誌、《*Ebony*》雜誌，以及非常多其他媒體。」[4]

沃克為自己打造的敘事效果非常好。身為黑人男性，他刮鬍子的時候經常遇到毛髮倒生的情形，所以他十分明白消費者需要什麼樣的產品。沃克還直接體驗到有色人種的個人保養產品選擇是多麼少，而且他們的產品經常只能屈居於店面深處或底層的商品架。他知道沒有人願意花錢去開發和創新產品，因此讓一個持續成長卻受到忽視的龐大市場，只能屈就於比較落後的產品。除此之外，身為黑人企業家，沃克可以為矽谷創業生態系中寥寥無幾的有色人種發聲，隨著各家公司越來越重視提升內部的多元和包容，這個議題也逐漸受到關注。他的公司雇用許多女性和有色人種，而且專為有色人種設計和行銷產品，他身為才華洋溢又充滿熱忱的提倡者，正是自己企業精神的典範。

所有人都需要品牌。你的任務是：用三言兩語描述你自己和你的成就，其中要包含你的專業和經驗（你做過的事情），再與你的個人故事互相結合。舉例來說，一位波多黎各的女性曾經熱切地在我講授個人品牌的課堂上發言，分享建立科技和知識經濟以促進經濟發展的重要性，以及她如何結合自己的科技背景與在Thoma Bravo很有前景的工作。Thoma Bravo是一間龐大的私募股權投資公司，創辦人就是波多黎各裔。我也聽過一位有商學背景的非裔美國人醫生大談醫療照護資源和健康結果不平等的問題，他談到自己成長過程中的親身經歷，以及他在職涯中如何結合許多方法來解決問題。

當你想出自己的品牌宣言後，再從專業的同事和朋友身上得到回饋，接著再想想看要怎麼把你的訊息傳給全世界。

與其讓別人替你開口，不如先說自己的故事

每個人和每種情境都會產生不同的說法，因此你自己的故事應該要由你自己來說。在其他人替你開口之前先創造自己的敘事，打造自己的品牌身分。

一九九七年十二月，艾默理大學（Emory University）商學院教授傑佛瑞．索納菲（Jeffrey Sonnenfeld）被指控破壞商學院大樓，他因為害怕遭到校警逮捕所以決定辭職，反正他不久之後就要去喬治亞理工學院接任院長。不過根據索納菲案的報告顯示[5]，艾默理大學當時的校長威廉．契斯（William Chace）打了一通電話給喬治亞理工學院的高層，告知對方索納菲的爭議，要對方考慮一下還要不要請他擔任院長，索納菲的新工作因此不了了之。

針對他的指控其實疑點重重。索納菲後來狀告艾默理大學，雙方在二〇〇〇年七月達成和解，艾默理大學支付了好幾百萬美元的和解金，喬治亞理工學院則因為當初撤銷職位一事，在二〇〇九年支付他一百二十萬美元的賠償。[6]

一開始，索納菲和艾默理大學雙方的說詞達成共識，就是他辭職是基於身體健康問題，主要是因為血壓太高。艾默理大學的契斯校長同意不會破壞索納菲的名聲，而且雙方說好不會公開這起事件。遺憾的是契斯並沒有遵守協議，不久之後，《紐約時報》、《華爾街日報》和《亞特蘭大立憲報》（*Atlanta Journal-Constitution*）都刊登了相關報導。頭幾個月，索納菲因為遭到開除感到無地自容，所以沒有出面交代自己的說法。人們經常會屈服於公正世界理論，認為壞事發生一定是咎由自取，所以因為挫折而感到無地自容雖然是人之常情，對自己的處境卻是一點幫助也沒有。

索納菲拿到了據說讓自己「罪證確鑿」的影片後，立刻積極地找上學校和相關人員講述自己版本的故事。最後，CBS電視台的節目《六十分鐘》做了一集名為「名聲損壞的大學」（The Scuffed Halls of Ivy）的報導，內容對索納菲十分有利，艾默理的學生和校友對他的聲援日益高漲，讓校方不得不坐下來與他協商最後的處理方式。

索納菲的經歷驗證了馬克・吐溫（Mark Twain）說過的一句話：「真話還在穿鞋子，謊言就已經跑了半個地球。」[7]他的經驗教導我們的第二個道理就是：趁早和記得訴說自己的故事有多重要。印象一旦形成了，就很難改變。第三個道理：如果和解的結果是某個人離開組織，經常伴隨的條款會是要求收錢的一方對發生的事情保持沉默。因為無法提出對自己有利的說法，造成名譽損毀和隨之而生的問題都可能變得非常嚴重。如果發生的事情會影響到自己的工作和職涯，人們因此必須訴說自己的故事時，沉默就絕對不是金了。

打造自己的「招牌形象」

朱蘿拉的父母從越南來到美國，她的個人風格包括為自己發聲和追求脫穎而出，與刻板印象背道而馳。她的身高在越南移民之中已經算十分出眾，但還是刻意穿上高跟鞋，讓自己的身高達到一百八十五公分，也特別把自己打扮得時尚有型。身高和服裝讓她顯得與眾不同，她表示：「很多人會說『你是我見過最高的亞洲女性』，我不是刻板印象中老是埋頭勤奮工作的亞洲女性，這應該幫助我變得更加突出。」

用服裝和外表來打造個人品牌不是什麼新奇又獨特的點子，但是並不表示這件事不重要。惡名昭彰的Theranos公司創辦人伊莉莎白．霍姆斯（Elizabeth Holmes），總是以相同的黑色裝束現身，營造她忙碌到無法思考該穿什麼衣服的形象。史帝夫．賈伯斯也有他的招牌造型（霍姆斯或許就是想模仿他）。臉書創辦人馬克．祖克伯，有一段時間以愛穿連帽上衣聞名。Square公司執行長和前推特執行長傑克．多西（Jack Dorsey），過去幾年改變了自己的外貌，從龐克風轉變成更像執行長的襯衫造型，接著在二〇二〇年春天出席國會聽證會時，蓄了滿臉的「防疫落腮鬍」。比較一下報導他外表的新聞數量，以及關注他作證內容的報導數量，你會得到很有意思的發現。

有鑑於與眾不同或不太尋常的執行長形象經常引起討論，我們不得不思考：自己想透過外型傳達什麼訊息，以及如何做出符合目標的事情。

前面章節曾提到的前舊金山市長和加州眾議院議長威利·布朗，是一位非裔美國政治人物和律師，他出身自德州的貧苦家庭，後來卻穿上了非常昂貴的Brioni西裝、開奢華名車。《君子雜誌》曾經盛讚布朗是「全加州打扮最體面的男人」，而他透露自己成功的祕訣就是風格。[8]在一九八四年的《六十分鐘》節目訪問中，布朗談到自己是不是「行動藝術品」的話題。他想透過自己的外表和打扮表現出自己是個值得認真對待，而且富有資源的人，他靠著服裝從議員之中脫穎而出，非常聰明地以正面的方式讓自己與眾不同。

盡可能去做各式各樣的事情讓自己出名

一個人一旦有了令人信服，而且結合專業與個人生活面向的品牌、故事和敘事，就必須大力推廣。如果宣傳的管道可以配合品牌的本質，會是很實用的做法，而傳播訊息的方法可說是不計其數。

Podcast

首先是podcast，類似的管道真的非常多。如果希望自己的節目與眾不同，其中一種方式就是讓別人有興趣幫你推廣。看看你能不能拉到贊助，想出有趣又特別的切入角度，邀請到家喻戶曉的來賓，最重要的是堅持到底。傑森．卡拉卡尼斯是作家、天使投資人、活動主辦人，也是第二章介紹過打破規則的人，他的podcast節目叫做《本週新創》（*This Week in Startups*）。他每個星期推出兩集節目，風雨無阻，除非那個星期發生大新聞，他可能就會多錄製幾集「緊急節目」評論時事。

幾年下來，他的堅持不懈讓聽眾人數成長到四十萬人。我有時候會說卡拉卡尼斯的「迅速竄紅」，其實是耕耘超過十年的成果。他的節目之所以如此受歡迎，也是得益於他將重點放在創業生態系。他會訪問公司創辦人和投資人，偶爾還會採訪作家。很少人會拒絕登上他的節目，他吸引到的創辦人和優秀科技專業人士都十分有意思，因而讓卡拉卡尼斯和他的節目變得越來越有名。《本週新創》也有金主和廣告贊助商，所以卡拉卡尼斯可以在建立品牌的過程中，一邊拓展自己的涉獵範圍和聽眾，一邊賺錢。

寫書

卡拉卡尼斯是優步（Uber）公司的早期投資人，也是天使投資的發起人，還舉辦活動訓練天使投資人，介紹他們互相認識，再幫助他們與公司創辦人搭上線。為了推廣個人品牌，他撰寫了《天使歷險記：拿十萬走進一級市場，矽谷新創投資大師的千倍收成策略》一書（*Angel: How to Invest in Technology Startups—Timeless Advice from an Angel Investor Who Turned $100,000 into $100,000,000*）[9]，而且僅僅花了一個月左右就完成初稿。卡拉卡尼斯告訴我，寫那本書可說是最善用時間的作法，因為出書可以幫助他變得更出名，再加上書中充滿他的見解與務實的建議，所以更進一步提升了他的公信力。

如果你不想自己寫書，或者你沒有時間或文筆不夠好，可以請別人來幫你寫，我們有時候會稱之為「捉刀人」，有很多人和機構提供這種服務。寫書可以幫助你建立個人品牌，尤其是在你的書大紅大紫、暢銷熱賣的情況下效果更好，這就是有些人會掏錢買自己的著作送禮的原因。假如你寫了一本與自己有關的書，就可以闡述自己的說法。舉例來說，福特平托（Pinto）車款以油箱爆炸案件聞名，而已故的李．艾科卡（Lee Iacocca）完全沒有在自傳中提到自己在研發平托車過程中的角色。[10]

我幾年前曾在愛沙尼亞塔林（Tallinn）的一場會議上發表演說，我們夫婦倆與作家約翰·波恩（John Byrne）和他的伴侶共進晚餐，波恩當時是來參加其他活動。好幾杯紅酒下肚後，我說，前奇異電器執行長傑克·威爾許（Jack Welch）事業有成的故事之所以會成為神話，波恩和威爾許本人必須負起相同的責任。他同意我的說法，正是他撰寫了威爾許的「聖人」傳記——抱歉，是字字屬實又毫無缺漏的自傳。[11]但是，波恩所寫的內容也不是假的自我推銷。一位曾經直接向威爾許彙報工作的高階主管說，奇異電器上上下下有幾萬名員工，為什麼威爾許的功勞大到不成比例？因為他有自己的故事。

商業自傳的成功不只在於書賣得好，而是可以成為創造敘事和品牌的工具，擦亮主角的招牌和形象，由此開啟了潮流，以企業領袖和創業家為主角的書籍開始如雨後春筍般出現。許多相關書籍的細節其實都不全然是完整的，而且明顯都是自我推銷，但是仍然能夠成功為主角創造品牌。

如果你連與捉刀人合作的時間都沒有，可以找更簡單的方法來傳遞你的訊息。寫部落格、雜誌文章，任何可以呈現想法與分析、能夠吸引讀者和聽眾的方法都可以。馬榭羅·米蘭達（Marcelo Miranda）是巴西人，他在建築和建材行業工作，二十歲出頭的時候就開始撰寫文章。如果吃了閉門羹，他就另闢蹊徑。他一步一步建立自己的個人品牌，最終登上巴西首屈一指的商業雜誌，獲選為「未來可望當上執行長」的年輕明日之星。能夠以這樣的頭銜登上雜誌，很有機會在職涯初期就成為執行長。

在會議上發言，或自己舉辦會議

卡拉卡尼斯在職涯初期便深知精心策畫、安排得宜、提供美味食物和飲料的活動有多麼重要。他成立了名為「Launch」的組織，讓公司創辦人、投資人和對新創界有興趣的人可以齊聚一堂。在新冠病毒疫情爆發之前，Launch的規模成長到一萬五千人，卡拉卡尼斯還讓全世界的城市爭相競逐主辦權。Launch並非一開始就是讓科技新創公司與有興趣的人相互認識的重要平台，而是漸漸成長到現在的地位。

卡拉卡尼斯的其中一個「祕訣」，就是舉辦好幾個同步進行的會議，以及讓參加者為了站上最大的舞台而彼此競爭。他也要確保所有參與者都準備萬全，因此他堅持在與會者發表之前先看過他們準備的講題，還會提供讓內容更加引人入勝的建議，確保所有演講都足夠吸引人。

傑森．卡拉卡尼斯現在是好幾個活動和組織的負責人，包括天使投資人大學（Angel

University）和創辦人大學（Founders’ University），還有其他媒合創業家和天使投資人的計畫。這些活動都幫助卡拉卡尼斯在新創和天使投資界建立起響亮的個人品牌，他也因此認識非常多創業生態系中的人，他們一旦與卡拉卡尼斯有交集，就會提供機會和資訊，他在這段時間內不斷學習，久而久之就變得博學多聞。

培養媒體

假使你要說自己的故事，特別是幫自己戴高帽子說好話的時候，其中一個好方法是：讓其他人代替你開口，因為自我推銷會面臨兩難的困境。[12]人們一方面應該要展現自信和專業，同時還要宣揚自己的才幹。假設是在面試工作或爭取什麼的情況下，就絕對需要自我推銷，否則對方怎麼會知道你美好的優點呢？但是另一方面，社會大眾通常都不喜歡看起來很愛自誇、自吹自擂的人，也不太苟同這樣的行為。

根據研究顯示，如果有人大力稱讚另一個人，即使是像經紀人這種領薪水做事的人來讚美，也能化解許多自我推銷的缺點。媒體是絕佳的傳聲筒，即便媒體是間接或直接收錢來宣傳對一個人有利的故事，效果也一樣好。現在有一些報章雜誌版面明確地標示為廣告贊助內容，看起來卻與一般報導無異。除此之外，誠如建築大師羅伯特．摩西斯的例子所示，你可以請媒體參加備有美酒佳餚的活動，讓他們見到想要見的人，以此來培養對自己有利的媒體。

也許培養媒體最有效的方法，就是讓他們能輕易地與你接觸，也就是同意接受個人訪談，這可以讓媒體的工作輕鬆不少。現在大多數媒體從業人員的困境都是截稿時間緊湊、預算有限、工時又長。給他們吸引人又淺顯易懂的撰稿主題，讓他們撰文介紹你的時候更加輕鬆，這能啟動互惠的社會規範。

《*Fast Company*》雜誌撰稿人J．J．麥寇維（J. J. McCorvey）寫了一篇非常長的文章介紹崔斯坦．沃克，他提到沃克的配合度非常高：「我一聯絡上他，他便立刻幫我安排了許多機會，讓我得以在他最熟悉的環境觀察他，還能好好認識他的親朋好友。我為很多人寫過很多篇報導，而他是我遇過最容易接近、配合度最高的報導主角，這真的是記者的夢想。」[13]

巴塞隆納IESE商學院教授紐莉亞．秦奇亞（Nuria Chinchilla），她是工作與家庭平衡領域的專家，完成的著作、諮詢顧問與政策推動工作使她赫赫有名，她也是IESE商學院國際工作與家庭中心（International Center on Work and Family）的主任。她除了致力於提升自己的知名度，更堅持不懈地讓「整合工作與家庭以及職場女性的議題」受到更多關注。她的名氣一部分來自著作，也來自她為著作和活動爭取關注的能力。秦奇亞很早就注意到媒體報導的重要性，因此開始一步一步培養媒體曝光度。

「首先，她很好聯絡，她會接記者的電話，記者提出採訪要求後通常很快就能進行，而且她很樂意配合記者的行程和截稿時間……秦奇亞十分樂意也有能力成為公眾人物——這是需要付出許多時間與精力的角色。」[14]

秦奇亞會邀請記者參加她籌辦的會議，讓他們接觸與會的高階主管，還會與記者分享自己的研究資料。打從一開始，她就十分注重與媒體建立關係：

一切始於二〇〇一年，我們舉辦了第一屆僅限女性參加的人力資源經理人會議。會議開始前一天，有人打電話來表示，他們聽說我做了相關研究……他們想知道能不能採訪我。而我說：「沒問題，您人在馬德里，我明天也會到馬德里，您何不來ＩＥＳＥ商學院參加會議呢？您不只能採訪我，還能採訪所有與會的女性。您可以參加所有會議，與我們共進午餐，接下來想寫什麼報導都可以。」

從那時起，所有人都爭相想採訪我。我大多是在車子裡、辦公室裡、家裡透過電話

> 接受訪問，隨時隨地都在接受採訪。我會好好地服務想採訪我的人，所以各家電視台、廣播電台和報社都感到很滿意，也都會再回來採訪我。[15]

許多企業領導人都認為他們不必培養媒體。他們不想花這種時間和力氣，所以請別人來處理行銷和公共關係。艾利克斯・康斯坦丁諾波（Alex Constantinople）是崔斯坦・沃克的公關主管，他說許多高階主管都認為沒必要經營個人品牌，但是沃克的想法恰恰相反。企業家兼創業投資人馬克・蘇斯特（Mark Suster），曾經在Salesforce與創辦人兼執行長馬可・班尼歐夫（Marc Benioff）共事。他說班尼歐夫：「了解媒體的重要性，他會給記者自己的筆記，還會親自接聽電話。」相較於科技同業，我想這就是班尼歐夫的媒體曝光度比較高的其中一個原因。

靠著適當的爭議脫穎而出

除了建立媒體從業人員的人脈，幫助他們更輕鬆地完成工作，建立個人品牌的其中一個關鍵還包括：讓自己有新聞價值。現在是個追求點閱率與目光的時代，想要擁有新聞價值、博取更多關注，最常見的做法就是讓自己有爭議。傑森．卡拉卡尼斯同樣有許多經驗可以教導我們。

一九八〇年代，卡拉卡尼斯發行了名為《網路衝浪者》（*Cyber Surfer*）的刊物。在與老闆兼金主產生分歧導致公司倒閉後，他轉而創辦《矽巷報導者》（*Silicon Alley Reporter*），關注紐約科技圈的話題。五年之後，他自己出錢創辦的雜誌，每年營收都高達一千兩百萬美元。為了提高雜誌的曝光度，卡拉卡尼斯在創刊的頭一年便展開「矽巷百大」（Silicon Alley 100）計畫，收錄紐約科技圈最重要的一百位專業人士與公司，而且他很想為這一百位人物和公司排名：

我的團隊想方設法不想讓我製作排名，因為他們害怕觸怒別人。我告訴他們：「這恰恰就是我們要列出排名的原因。」所以誰是第一名呢？顯然非DoubleClick莫屬，他們比別人更有錢、有好用的產品，還有更多員工，於是我把他們排在第二名……我想讓所有人討論這份名單，以及告訴他們，為什麼我選擇的第一名比其他人和公司更重要。我選中了艾絲特．戴森（Esther Dyson），她是一名傑出的女性，連比爾．蓋茲都會打電話請教她……她是非常有遠見的科技業人士。接下來的七、八年間，我的生活中滿是來遊說我的人，因為他們想知道自己明年會是榜單上的第幾名。[16]

如果你覺得卡拉卡尼斯的策略聽起來很熟悉，那你一點也沒錯。約翰．波恩在一九八八年的《彭博商業週刊》（*BusinessWeek*）中為各大商學院排名，但是第一名不是哈佛、史丹佛、華頓商學院或麻省理工學院，而是相較之下顯得默默無聞的西北大學，這讓週刊發表的商學院排名首次得到不少關注。非直覺的選項和頗具爭議的排名，都會吸引別人的注意。

認識卡拉卡尼斯的人都說，他的偶像是電台主持人、作家、演員兼製作人霍華德．史登（Howard Stern）。當崔維斯．卡蘭尼克（Travis Kalanick）因為優步的「兄弟幫」文化而陷入麻煩時，卡拉卡尼斯便在財經媒體CNBC的《牢騷巷》（*Squawk Alley*）節目上為卡蘭尼克據理力爭。卡拉卡尼斯總是很樂意發表自己的想法，因此成為人人爭相邀請的來賓，CNBC也因此讓他成為自家節目固定的座上賓。

前迪士尼總裁、經紀公司CAA共同創辦人麥可．奧維茨（Michael Ovitz），在一場派對上告訴卡拉卡尼斯，自己很喜歡看他上CNBC的節目，為什麼呢？「因為你總是說實話，不管其他人怎麼想，你總是有話直說。你會選邊站，捍衛你支持的人，不會糾結雞毛蒜皮的小事。」[17]

盡可能運用你與權威人士和組織的關係

薩迪克．吉拉尼（Sadiq Gillani）三十二歲那一年，受聘擔任知名的德國漢莎航空（Lufthansa）的策略部門主管，成為公司史上最年輕的協理。吉拉尼是時任執行長克里斯多夫．法蘭茲（Christoph Franz）親自安排的人選，而且他是在一句德文也不會說的情況下，加入一間非常傳統、非常「德國」的企業。二〇二二年一月，吉拉尼加入德國第二大航空公司神鷹航空（Condor）的監事會，擔任的職位算是副主席。他也加入神鷹航空的新東家Attestor Capital公司，擔任航空與旅遊投資業務的資深顧問。吉拉尼的職涯完美展現了他如何憑藉在漢莎航空的職位拓展個人品牌。

吉拉尼加入漢莎航空的時候，Seabury Consulting顧問公司（一間專為航空業服務的小顧問公司，吉拉尼從商學院畢業後在這裡上班，之後成為合夥人）的前總裁告訴他，他擁有一個很棒的平台，可以善加利用來增加曝光度，讓自己脫穎而出。吉拉尼接受總裁的建議，不斷在航空業提升自己的曝光度、拓展個人品牌，這確實收到不少成效。

漢莎航空理所當然地是世界經濟論壇（World Economic Forum）的一員，但是並非組織中特別活躍的成員。吉拉尼告訴我，他如何利用自己在漢莎航空的職位來大幅拓展自己的人脈：

> 我以漢莎航空代表的身分，前往瑞士達沃斯（Davos）出席世界經濟論壇，發現了全球青年領袖（Young Global Leader）這個社群，因此決定成為他們的一員。申請加入的其中一項要求是公司的執行長——也就是我的上司，必須為我寫一封推薦信……我之後獲准加入了。我是漢莎航空的世界經濟論壇代表，也加入他們的全球未來旅遊委員會（Global Future Council for Travel），委員會成員大約二十來人，來自世界各地，協助設計世界經濟論壇旅遊與交通議題的議程。[18]

吉拉尼之後受邀前往史丹佛大學，為旅遊與待客社團的同學發表演說。演講非常順利，他見到了負責MBA學程的副院長，不久後就在史丹佛共同開設了以旅遊業為主題的兩週密集課程。他利用自己在世界經濟論壇的人脈邀請講師，學生能見到旅遊業的高階主管自然十分感激，頗具聲望的高階主管也很樂意受邀到史丹佛大學演講。

吉拉尼在航空業突出的表現與在世界經濟論壇建立的人脈，讓他登上了TED Talk發表演說，他的演講主題引起許多人興趣，影片觀看次數高達十三萬五千次。吉拉尼說，他剛認識TED在德國的負責人時，便打算發表史上第一個與航空業有關的TED演講。

吉拉尼還提到，好幾個拓展品牌的活動都是以先前的活動為基礎堆疊建立起來的。「因為他在漢莎航空的優秀表現，再加上他入選了全球青年領袖，《資本雜誌》（*Capital*）便將他列入德國四十位四十歲以下最具影響力主管榜單。《金融時報》（*Financial Times*）則評選他為百大傑出LGBT＋主管（吉拉尼是同性戀），以及百大少數族裔商業領袖。」[19]吉拉尼不只經常接受漢莎航空內部刊物訪問，也經常接受其他企業刊物的訪問，所以他的媒體曝光度非常高。

在吉拉尼身上行得通的作法，當然也適於其他人用。如果你在聲名遠播的組織內工作，就試著更上一層樓，在你的履歷和公開檔案上添上更多事蹟。你可以利用這層連結，與其他身居高位的人士和組織建立關係，增加個人品牌的價值。

讓自己的好表現得到獎賞與功勞

建立品牌和創造良好名聲的作法之一，就是確保你的好表現有得到應得的獎賞。如果想得到功勞，你就要願意說出自己的故事，捨棄錯誤的謙虛觀念，更不要期待你的好表現自然會有人看到。你的上司和同事都很忙碌，而且往往只會注意自己眼前的目標，不能指望他們一定會注意到或稱讚你完成的工作。

劉黛博拉（Deborah Liu）擔任過臉書Marketplace部門副經理、軟體公司Intuit的董事會成員，最近成為Ancestry.com的執行長，她在臉書有長達十一年的工作經驗。黛博拉是擁有專利的工程師，先前還在PayPal工作過，她以前總認為自己的傑出表現一定會廣為人知。她告訴我，她到臉書工作之後，打造了後來的遊戲平台和Facebook Credits虛擬貨幣雛型。她協助公司建立的業務非常龐大，大約占臉書總營業額的一五%，在損益報告和臉書上市時發布的公開說明書中都列為獨立項目。她說：「我們其實從來沒有認真討論過自己完成的工作，也沒有人在乎。團隊中有幾個人離職了，剩下的人就繼續做其他事情。」

黛博拉的職業生涯沒有按照她的預期發展，對於自己和團隊的工作沒有受到重視感到十分沮喪，於是便去參加了主管訓練課程，而我就是透過課程教練認識她的。訓練課程讓黛博拉明白，她必須說出自己和團隊的故事，才能靠著自己的好表現得到讚賞與功勞，這是她以前從來沒做過的事。

黛博拉請完產假回來後，她開始著手名為「行動應用程式安裝廣告」（Mobile App Install Ads）的新企畫，讓臉書可以推薦用戶下載應用程式。「那時是二〇一二年，我們因為沒有解決行動裝置收入問題而遇到大麻煩，因為行動裝置上幾乎沒有廣告。」她告訴我：「我們的團隊受命解決這個問題。我們當時是品牌廣告公司，我們要建立第一個非廣告團隊打造的直接反應式廣告。」

黛博拉學會讓其他人知道：她和團隊在做些什麼事情。她向我解釋：

我告訴每一個遇到的人：「我們要解決行動裝置收入的問題，以下就是我們的做法。」

我們的核心團隊有五個人，其中有三個工程師、一個借調過來的資料科學家，還有一個是我。我會在公司內部每個地方公告我們正在做的事，也做了簡報和策略計畫書。

我直接去找馬克．祖克伯說服他。我只能盡自己所能完成這份工作，因為我們的資源少得可憐。所有人都想幫忙。歐洲的合夥人說：「我會幫你把產品推到市場上。」他們就去見開發人員並解釋產品運作方式，讓他們測試這種新的廣告形式。

重點在於一遍一遍地訴說故事，不只讓所有人都知道這個產品，其他人也開始幫我們宣傳，主管們開電話會議的時候也不忘提到我們的產品。訴說故事再結合公司最大的問題，讓我們成功找到幾十個願意在空閒時幫助我們的人。如果有個東西可以應付緊急需要，所有人都會想參與其中。他們聽完故事之後，都想要成為一起寫故事的人。

即使到現在，我們已經脫離那個產品很多年了，還是常常有人提到：當時有個小團隊做了一件多麼了不起的事情，對公司產生重要的影響。那個產品現在是業界的領頭羊，雖然規模還是比臉書小很多，但是產品的故事已經產生很大的影響力，啟發了其他想做大事的團隊。

劉黛博拉完成了一個小小的產品，得到的肯定與功勞卻遠遠大於有龐大經濟效益的專案，那是因為她創造和反覆講述了一套敘事，其中包含別人想聽到的元素。

聖約瑟夫學院（Saint Joseph College）教授理查．豪斯泰德（Richard Halstead）觀察發現：「幾百年來，英雄的旅程故事一直為人傳誦講述。」[20]英雄的故事涵蓋了「人類精神的力量與毅力」，訴說人類遇到的挑戰，以及扭轉人生和贏得勝利的可能性。故事結構大同小異：一個人面對突如其來的挫折，成為他學習成長和個人轉變的良機。學習到重要的課題後，那個人就會換一種可以成功的方式重新出發，證實他一路所學的收穫和個人成長並不假。

因此，除了要告訴別人你和團隊在做的事情，還要不斷地重複這個故事，劉黛博拉的經驗還闡釋了另一個很重要的道理：如果要建立歷久不衰的品牌，你創造的敘事就必須符合英雄的旅程，如此一來別人就更容易記住，最重要的是，他們就會接納其中激勵人心的訊息。

願意訴說你的故事

許多人，尤其是女性和那些成長背景教導他們要謙遜的人，都很抗拒去做類似自我推銷的事情。問題是，如果你不訴說自己的故事，就不能確定其他人或組織裡其他同事會不會看見你的成就。

若是會抗拒建立個人品牌和自我推銷，其中一個克服的方法，就是重新建構打造個人品牌的意義與內涵。劉黛博拉告訴我，她如何啟發別人做這件事：

> 我在一場活動上發表演講，討論的主題是自我評鑑，有一位女士說：「我真的很不會自我推銷。」我問她：「你發現自己剛剛做了什麼嗎？假如你把自我評鑑當作自我推銷，就不會談論到自己正在做的事情，這樣對自己是不公平的。如果你認為這是在幫助經理了解你的影響力，如果你認為這是在幫團隊爭取應得的關注，你的看法會改變

嗎?」她回答:「你說得對,原來我從頭到尾都想錯了。」

小小的重新建構,就能幫助人們了解:訴說自己和同事的故事有多麼必要和重要,同時還能以更自在的態度著手建立品牌的重要工作。

接下來談談最後一個概念。自我推銷和個人品牌的想法,似乎都違背了吉姆・柯林斯(**Jim Collins**)在著作《從**A**到**A+**》(*Good to Great*)中描述的第五級領導人,也就是謙遜自持和擁有堅毅決心的領袖。[21]

我注意到三件事:首先,柯林斯研究了**人們登上**執行長高位後採取的有效領導行為模式。誠如我和他先前討論過的,爬到頂端所需的行為模式,可能與已經站上權力頂峰的人要做出的最佳行為大相逕庭。

第二,根據柯林斯收集的數據,第五級領導人非常罕見,超過一千四百人中大概只有十四人,研究特殊個案的行為很有意思,但是可能無法為大多數人的行為提供實用的指引。

第三,根據最近的研究顯示,雖然社會氛圍都教導人們要謙虛,但是隱藏自己的成功事蹟其實會付出人際關係成本。[22]因為如果有人隱藏自己的事蹟,其他人就會覺得受到「家長式領導」的對待,因而覺得受到侮辱。

法則五

持續不懈地拓展人脈

伊朗裔美國商人歐米德・寇德斯塔尼（Omid Kordestani），擁有聖荷西州立大學的電機工程學位和MBA學位，他是Google的第十一位員工，更是Google還是名不見經傳的小公司時雇用的第一位業務主管。一九九九年到二〇〇九年間，他是Google全球銷售和現場作業部門副總經理。[1]他離職的時候，公司淨值超過二十億美元。Google在二〇一四年邀請他回來短暫任職，公司提供的年薪是一億三千萬美元。[2]寇德斯塔尼後來擔任推特執行主席一職，卸任後成為董事會成員。

幾年前，寇德斯塔尼在史丹佛大學演講時，提到我的權力學課程是他在商學院上過最重要的一門課。除了感謝他讓我的課程變得更加搶手，我也忍不住好奇，他到底在我的課堂上學到什麼有用的內容？於是我主動聯絡他，我們約了一起吃早餐。他告訴我以下的故事，而他的故事巧妙地闡釋了本章節的主題，也就是社交關係和拓展人脈對於職涯成功的重要性。

寇德斯塔尼談到，儘管他上過我的課，但是因為移民後裔的身分加上工程背景，所以他還是會盡可能避開任何形式的組織政治活動，相信自己良好的工作表現一定會為人所知，也認為自己應該要謙虛又低調。由於寇德斯塔尼不是很認同我的教學內容，所以課堂上的表現不算突出，我對他也沒什麼印象。他一九九一年畢業，一開始在惠普公司上班，接下來在幾間新創公司Go和3DO任職，但是工作都不怎麼順利。

一九九○年代中期網路剛開始盛行時，寇德斯塔尼加入網景公司（Netscape），一間由馬克・安德立森（Marc Andreessen）與合夥人共同創立的知名瀏覽器公司。寇德斯塔尼在網景擔任行銷與業務開發工作，做得有聲有色，但是他仍然認為自己的職業發展不如預期。他說他記取了我在課堂上的教導——表現通常不是最重要的，社交關係和贊助相較之下重要得多，並且將這個概念發揮到極致，從根本上改變了他運用時間的方式。於是寇德斯塔尼下定決心，少花一點時間在工作的技術層面上，而是花更多時間與公司內外的人互動和建立人際關係，這樣一來他變得更出名、更多人認識他。畢竟，如果沒人認識或注意到自己，工作做得再好別人都會視而不見，對自己一點幫助也沒有。

網景這間公司的規模不是太大，因此寇德斯塔尼除了多花時間與高階主管相處，他還在矽谷生態系內部拓展人脈。當時正逢網路剛剛開始普及，網頁瀏覽器也才出現不久，所以有很多值得討論和學習的議題。當然，隨著人脈的拓展，他優秀的技術、才智和社交能力都更廣為人知。除此之外，他原本的工作就是行銷與業務開發，因此建立人際關係完全符合他的工作本質。

一九九○年代晚期，Google團隊決定聘請一名業務主管，協助他們的小小搜尋引擎新創公司更加完整，於是他們做了Google最擅長的事情：仰仗數據來做出決定。他們全面搜尋矽谷的人才庫，發現幾乎每一份科技公司業務主管的名單上都會出現一個名字：歐米德．寇德斯塔尼，於是將他列為候選人之一。打從那時候開始，Google就非常重視人才的挑選，因此與候選人進行多次面試。寇德斯塔尼的其中一場面試安排在下午四點左右開始，結果一直到晚餐時間還沒結束。寇德斯塔尼不只聰明，也非常擅長社交，因此他建議大夥兒一起出去吃頓晚餐，由他作東。在非正式和壓力較小的氛圍下，他出色的交際能力和商業頭腦更顯卓越超群。寇德斯塔尼後來受聘成為Google的第十一位員工，誠如他所言，那一頓晚餐的回報高到無法計算。

接下來談談另一個例子，羅斯．沃克（Ross Walker）是史丹佛大學史上最年輕的大學董事會成員之一，現在則是房地產投資公司Hawkins Way Capital的創辦人，管理的資產總值高達十億美元。沃克的主張是「人是最重要的」[3]，當他還是學生的時候，就為同學籌辦了幾場有趣的社交活動。他在大一升大二那年暑假，為創辦了知名連鎖飯店的校友奇普．康利（Chip Conley）工作，而且他在離職時婉拒領取薪水，換言之他是免費為康利工作。

沃克在學校裡花了不少時間尋找工作，讓自己可以跟著一位導師學習，甚至發展出不錯的交情。後來，沃克為知名的房地產開發商路易．沃爾夫（Lew Wolff）工作，沃爾夫對連鎖飯店和運動隊伍相當感興趣，更成為沃克非常重要的人生導師，也是他早期的贊助人之一。

沃克畢業之後成為投資人，與洛杉磯高檔夜店和展演空間的負責人成為朋友，如此一來，就能夠為想見到的人舉辦熱鬧的私人活動。房地產開發工作包含媒合建築專案與投資資本，而專案想要順利著手進行，往往需要與當地政府機關合作，除此之外，從建設到行銷的服務供應商都需要打點好。在如此龐雜的過程中，認識許多優秀人才、有能力建立成功的人際關係，都是至關重要的技能。

第二章「打破規則」提到的行銷大師啟斯．法拉利，寫了一本與拓展人脈有關的書，叫作《別自個兒用餐》（*Never Eat Alone*）。[4]他的法拉利綠訊行銷諮詢顧問公司（Ferrazzi Greenlight）之所以如此成功，全仰仗他吸引人才前來工作的能力，以及那些認識他和公司的客戶。他需要認識很多人，更重要的是必須讓很多人認識他。聘請顧問或發言人時，顯然必須對聘請的人或公司有一定的了解，或是有良好的印象才能放心，因此法拉利非常重視建立人際關係。

法拉利滿四十歲的時候，他的七位朋友在七個城市都辦了慶生會，他每一場都出席。在帕羅奧圖的慶生派對上，我在現場與賓客隨意交談，發現其中三分之一的人在參加慶生會之前都不認識法拉利。法拉利懂得善加利用慶生會的場合拓展人脈，同時與他已經認識的人繼續保持聯絡。法拉利說他的人生目標是影響世界、為後世留下貢獻，而這個目標需要別人的幫助，因為他無法全憑自己的力量做每一件想做的事。簡而言之，如果想在組織中、甚至在社會上完成什麼事情，社交關係可說是必不可少的。

有句話說「重要的不是你知道多少，而是你認識誰」，其中的道理不假。你認識誰、認識多少人，對你的影響力和職涯而言非常重要。因此，權力七大法則中的第五法則，就是持續不斷地拓展人脈。你建立的人脈也許無法幫助你像歐米德・寇德斯塔尼一樣「中頭彩」，或是像啟斯・法拉利一樣寫出暢銷書和創辦諮詢公司，可能也無法幫助你成為像羅斯・沃克一樣功成名就的房地產投資人，但是眾多的證據顯示，拓展人脈和建立社交關係可以獲取權力、加速你的職業發展。本章節會呈現相關證據和提供拓展人脈的指南，還會教導各位如何有效率地建立效果十足的人脈。

花費足夠的時間與（有用的）人互動

人類是社交動物，所以大部分的人都會花一點空閒時間與其他人互動。從權力第五法則的觀點來看，最大的問題在於，我們互動的對象通常是親朋好友，而不是上司、同事或其他可能在職場上對我們有幫助的人。

舉例來說，有一份研究使用了美國時間運用調查（American Time Use Survey）的每日資料，發現一個人每天平均會花一百一十二・九分鐘（將近兩個小時）社交，但是其中只有九分鐘是與同事社交。[5]

另一份資料是調查超過一萬兩千名的商業人士，發現那些認為拓展人脈是自己成功關鍵的人，每個星期平均花六・三個小時在拓展人脈上，而認為人脈對於自己事業成功沒什麼幫助的人，每個星期花在社交的時間不到兩個小時。那篇文章的結論是：我們每個星期應該平均花八到十個小時建立職場上的人際關係，因為「透過人脈建立更多事業的祕訣就是……花更多時間經營！」[6]

為什麼人們沒有花足夠的時間建立社交關係？

在職場上建立人脈，也就是與實質上能夠幫助自己的人建立連結，對於工作和職業生涯的發展非常重要，這一點幾乎所有人都認同，但是他們卻沒有花足夠的時間拓展職場人脈，原因令人十分好奇。

這個問題有幾個答案，而且完全不會互相排斥。獲得諾貝爾經濟學獎的心理學家丹尼爾・康納曼（Daniel Kahneman），與同事一起開發了一套評估日常生活經驗的調查法。他們發現在人們一天的生活當中，最積極的活動就是親密關係互動，其次才是社交。[7]不過他們也發現，特定的互動對象會影響一個人對於社交時間的正面或負面評價。相較於與同事、上司、客戶或顧客互動，與朋友、親人和配偶互動的經驗比較正向。因此，人們比較不願意在職場上拓展實用的人脈，其中一個原因就是認為：這種社交經驗往往不是很愉快。

除此之外，根據研究顯示，人們會認為經營職場人脈屬於比較不道德的活動，因為這算是為了個人的私利與發展而建立的人際關係。許多人認為，基於利用目的與人交往是十分不恰當的行為。

如果人們做了自認為比較不道德的事情，就會覺得自己很骯髒，這個結論是經由他們自我表述的態度評估得來的，此外，也能夠從他們有多重視過程是否乾淨來評斷。有一家法律事務所曾經做過實地研究，研究者卡西亞洛（Casciaro）、吉諾（Gino）和寇查奇（Kouchaki）發現，人們會認為在職場上經營人脈是骯髒的行為。不過，位高權重的人比較不會這樣想，這可能與他們的權力比較大有關係。先不論人們的想法，研究顯示，經營人脈與職場上的成功確實有所關聯。[8]研究者在一系列實驗中，呈現了職場人際關係與感覺骯髒之間的關係。人們沒有一如預期經營人脈的第二個原因是：他們認為這麼做是為了一己之私利用別人，因此是不道德的事情，儘管這種活動有助於職涯發展，他們還是會覺得骯髒。

另一個問題是人際關係和友情很重要，因此人們很不樂意用建立在工作上的友情解決職涯或工作上的問題。舉例來說，一份關於利用人脈找工作的研究發現：「向其他人尋求工作建議，或請別人幫忙找工作的人……擔心自己表現不好會消磨他們的人際關係，或是感到難為情。」[9]隨著人們花越來越多時間在工作上，再加上工作是許多人的生活重心，事實上足以在職場上形成大量而且重要的社交關係。但是，將職業上的利益與自發性的友情混為一談會產生兩難困境，因而讓許多人感到不自在。

即使人們開始經營人脈，也經常會視之為必須完成的工作，而非需要培養的技能。我在訪問中提到羅斯・沃克的案例時，身為飯店創辦人、作家和前Airbnb主管的奇普・康利說了一段非常有見地的話，就是將經營人脈視為工作或技能會帶來不同影響：

> 假如人們把經營人脈當作工作，那麼就是做完之後便拋到一邊的事情。可想而知，把垃圾拿去丟掉的時候，你根本不會想到其中有什麼能幫助自己變得更好的東西。我想很多人都把經營人脈視為工作，而我認為羅斯・沃克是把經營人脈當作技能。培養技巧的時候，你會更傾向於從策略或分析層面思考該如何變得更好。[10]

經營人脈與職涯成果

大部分的人都認為，在職場上經營人脈是出於利用目的，儘管可能讓人覺得不自在或不自然，卻能達到比較好的職涯成果。認為經營人脈很重要的直觀想法一點也沒錯，而且獲得好幾項研究的支持。工作的社交、相互依賴、知識和技能面向越來越受到重視，因此讓建立社會連結的意願和能力變得越來越重要。

有一份長期進行的實地研究，邀請一百一十二名員工評估自己三年後的職涯是否成功，而研究發現「人脈是最穩健的預測標準」。另一份長期研究則發現，人脈對於薪資和薪資的成長比率都會產生影響，更發現人脈與職業滿意度之間存在關聯。[11]一項針對專業服務公司五百一十名員工的研究發現，人脈與角色內和角色外績效都呈現正向關係。[12]另一份研究分析了涵蓋多種職業的一百九十一名員工，發現在所有政治技能中，經營人脈的能力與職涯成果的關聯度最高，包括總報酬、升職、職業和生活滿意度。[13]

與經營人脈有關的系統文獻回顧指出，人脈對於職涯成果而言非常重要。佛羅里達州立大學的傑拉德．菲瑞斯教授，對政治技能的重要性做了延伸研究，我在本書前面的章節已經大致提過他的研究成果。其中一項研究探討的是，政治技能的哪一個層面對生產力、職涯成功、個人名譽和工作滿意度等職涯成果的影響最為重要，而研究結果顯示：經營人脈的能力是重中之重。[14]另一項針對組織人脈的綜論研究總結得出，人脈「可以增加曝光度與權力、提升工作表現、有助於組織取得戰略資訊，也對職涯成功有所幫助」。[15]

社會關係對於職涯是否成功，還有培養完成工作的能力來說至關重要。由於很多人不喜歡經營人脈，再加上對於策略性的社交感到不自在，因此他們打算**如何**運用時間、或選擇**與誰**共度時間，就變得非常重要。

強・列維的案例

由於經營人脈像是工作的一部分，而且會讓一些人感到骯髒，所以大部分的人都不會花足夠的時間與在職場上有助益的人建立關係。但是如果從正確的觀點來看，而且執行得當，與有趣的陌生人見面和互動，這種經營人脈的方式會是非常美好的體驗，甚至成為職涯很棒的一部分。沒有人比強・列維（Jon Levy）更能體現經營人脈的好處，也沒有人能比他做得更棒了。

我對列維最初的認識來自一篇《紐約時報》的文章[16]，文中提到他在紐約的公寓招待具有影響力的人士吃晚餐。他邀請了十二位出身自不同背景的人，大家一起烹煮簡單的晚餐和洗碗，活動的附帶條件是在晚餐結束前都不能告訴其他人自己是誰、從事什麼職業，每個人都要想辦法猜出其他與會者的身分。列維發現當人們無法談論自己的工作時，自然會產生更多新的想法和更高的興趣，也會把所有人放在同等的地位，而且傾向減少自負的表現，因為他們不清楚互動對象的身分地位為何。

強納森・戴夫斯（Jonathan Daves）是洛杉磯WRT Ventures公司的常務董事，曾經上過我的權力學線上和實體課程，他認識列維，並且參加過他的晚宴。戴夫斯問我，你想見見列維嗎？我說當然。不久之後，我到了列維的哥哥位於舊金山的美麗公寓（他哥哥在穆迪分析（Moody's Analytics）擔任投資組合研究部門主任），我在參加第一場晚宴前先與強・列維見面閒聊。我們對於社會科學和世界運作方式都充滿興趣，因此找到共同話題，要與列維找到共同話題並不困難，因為他對各種知識都很好奇，接下來我要敘述的是透過訪談過程和個人觀察，我從他身上學到的事情。

列維非常聰明，對社會科學很有興趣，他最近與HarperCollins出版社合作推出第二本著作《你受邀了》（*You're Invited*，暫譯），結果發現我們的編輯是同一人，諸如此類的共通點與相似性，在建立人際關係的過程中非常重要。他的父母都是以色列人，雖然教育程度不高，但是都非常有才華，他的父親是畫家和雕塑家，母親則是作曲家和指揮家。

二〇〇二年列維從紐約大學畢業，主修電腦科學、數學和經濟。他大學期間在直銷公司家可刀具（Cutco Cutlery）工作，畢業後直接進入公司上班，成為全公司業績數一數二的成功業務員。列維待過紐約一間大型外燴公司，也在羅達爾公司（Rodale Inc.）做過數位策略工作，公司旗下有《*Men's Health*》、《*Women's Health*》和《*Runner's World*》等雜誌。他的工作表現不錯，但是不到特別突出，按照他的說法是，他完全不會邀請當年的自己參加影響力人士晚宴。

二〇〇八或二〇〇九年，列維參加了一場研討會，主辦人提到我們生活周遭的人對自己的影響有多重要。列維當即便下定決心，花時間與「我們的社會中最優秀的人相處，因為我想學習他們的知識和習慣，改善我的生活品質」。從那個時刻起，他的人生便轉換了軌道。

列維發想晚宴內容的過程非常值得深思，而且**任何**想要結交朋友的人都可以套用他的原則。他最初的想法只是打電話約其他人見面交流，但是他發現大家都不太想接電話，尤其是陌生人的電話。他了解在具備影響力的成功人士眼中，其他人都在追隨他們的腳步、或是想從他們身上得到東西，所以列維認為自己應該「慷慨一點，不能成為其中一個只是想開口要求的人」。他必須讓對方卸下心防，他們才能與他、與彼此產生連結。

列維知道，人們一旦對別人或某個活動投入心力，就會投入更多關心，因為他們會希望那個人或那件事情值得他們付出努力。投入更多承諾和花費更多心力會增加價值，這種現象稱為「宜家效應」（IKEA effect），這個名稱源自讓顧客動手組裝家具的宜家家具公司。[17]研究人員發現，受試者在摺紙、疊樂高積木或組裝宜家收納盒的時候，會覺得自己的創造力能夠媲美專家，並且期待得到他人的認可。

除此之外，列維十分明白自己做的事情必須很有新意，因為新穎的事物會讓人們願意探索，會設法去了解新的體驗。他也很清楚「如果能夠打造出備受矚目人士冠蓋雲集的環境，其他備受矚目的人士就會費盡心思來參加」，最好的例子就是主辦世界經濟論壇的達沃斯，列維主張，「人類最渴望得到的情感或體驗」就包括驚嘆。總而言之，他明白自己要做點慷慨、新穎、安排得當的活動，而且至少要偶爾能夠讓人驚嘆。

於是影響力人士晚宴就此誕生，列維開啟了為公司籌辦活動的新職涯。現在列維擁有一整個團隊的研究人員，可以追蹤潛在來賓，還有一個專門審查的委員會。疫情爆發之前，他每個月會在三到四座城市舉辦五場晚宴。疫情爆發之後，因為舉辦線上活動不必舟車勞頓，列維反而擴大了活動規模。

我們還要從強．列維身上學習最後一個重要的道理。他告訴我：

我們的影響力其實是副產品，關鍵在於我們與什麼人產生連結、對方有多信任我們，以及我們是否擁有共同的社群意識……想要創造共同的社群意識，就必須成為其中的一分子。內外一定要有清楚的界線，也許是共同語言、共同的經歷、影響力的感覺……我認為作法的彈性很大，不過影響力人士晚宴並沒有刻意為之。

強・列維、啟斯・法拉利和羅斯・沃克三個人迥然不同，但是他們都有個重要的共通點：他們都有意圖建構遠大於多數人的社交世界。不過這種面面俱到的程度也不是只有他們才做得到，人們只要肯努力（因為與工作有關）、學習相關的社會科學，再結合自身的經驗，同樣能夠打造出屬於自己的社交世界，為自己帶來樂趣和權力。

經營人脈的四大基本原則

假如你想盡可能有效率地經營有成效的人脈，務必遵循以下四大原則。

建立「弱連結」

一九七〇年代初期，經濟社會學家馬克・格蘭諾維特（Mark Granovetter）研究了人們找工作的方式。格蘭諾維特調查波士頓地區共兩百八十二名求職者，他發現大部分的人都不是透過正規途徑找到工作，例如投遞履歷或者看到徵人啟事前去應徵，而是透過社會連結這種非正式管道。[18]令人驚訝的是，研究發現求職時最有用的人脈不是家人、朋友和工作上走得很近的同事，而是點頭之交，也就是所謂的「弱連結」（weak ties）。[19]

這項研究發現背後的道理沒有甚麼大學問：與你關係緊密的人，可能彼此的連結也很緊密，所以大部分的訊息、人脈和觀點都是重疊的。與你的連結較不緊密的人，更容易擁有不同的消息來源和社交圈，因此更有可能提供不重複的資訊和人脈給你。正因為不重複的資訊比較新穎，所以更有價值。研究也顯示，弱連結與更多創意想法有所關聯[20]，同樣是因為能夠連結到更多元的觀點、想法和資訊來源。

我們該如何善用弱連結呢？**任何**人脈連結都好過突如其來的推銷電話，所以就有「熟人引薦」（warm introduction）這個說法。人們比較喜歡與自己相似、處在相同社交圈的人，也就是可以稱為「我們」，而且屬於同一個小團體的人。事實證明，想要從「他們」變成「我們」，不需要太深刻堅定的社會連結，也不一定要創造相同的社會認同。舉例而言，羅斯・

沃克開始籌措房地產投資資金時，兩位重要的初期投資人都是來自弱連結，其中一位是沃克很多年沒有密切聯絡的大學室友。通常都是這種偶爾聯絡的弱連結反而能夠提供較多的可信度，成為交易是否能談成的關鍵。

繼格蘭諾維特之後，又有學者研究了弱連結和情緒以及心理幸福感之間的關係。一份以兩百四十二名大學生為調查對象的研究發現，與越多同學互動的大學生越幸福，歸屬感越強。另一項特別針對弱連結，並且納入社區大學學生作為樣本的研究也得出同樣結果：「與社交網絡外圍的人互動，對我們的社會和情緒幸福感有所助益。」[21]

弱連結的重要性傳達的道理很好懂：就是不要花太多時間與親密的人相處。相反地，你應該確保自己認識各式各樣的人，而且他們最好分散在各式各樣的組織和產業內。你永遠不知道其中某個人手上會不會有什麼重要資訊，能大大提升你的工作表現和職涯發展。

成為中間人

芝加哥大學社會學教授羅納德．伯特（Ronald Burt）是我的朋友，我會認識他是因為我們在一九七〇年代都任教於柏克萊大學，他最知名的研究就是分析擔任中間人角色的人，以他的話來說就是：「填補結構上漏洞」的人能得到什麼利益。中間人要做什麼事？他們必須清楚哪些人在互動或認識之後可以從中受益，然後穿針引線介紹他們認識。房地產仲介媒合房屋的買家和賣家；投資銀行家媒合有資產投資的人與需要資產的人；合併與收購銀行家媒合企業買家和有興趣出售的企業；創業投資人媒合擁有技術和商業計畫書的一方，以及擁有資產能夠幫助計畫實現的人；獵頭公司媒合有職缺的公司與有潛力的候選人。我想你們懂我的意思。

負責媒合的人與組織，在幫助藉由媒合而獲取利益的人之後，也能因為這次的媒合與自己提供的服務從中獲益。中間人如何以及為何能創造和累積社會資本，其中的道理不難理解，伯特表示：「整體而言，團體內部的意見和行為同質性比較高，所以跨越不同團體連結起來的人，更習慣用不同的方式思考和行事。填補不同團體之間的結構漏洞，提供原本無法看見的多種選擇，這就是中間人成為社會資本的機制。」[22]

伯特針對某間電子公司所做的研究發現，總報酬、升職和擁有好點子等工作成果，多半出現在能夠運用人脈填補結構漏洞的人身上。[23] 隨著相關主題的回顧文獻越來越多，這些發現也持續不斷地獲得證實。[24]

研究結果的實用意義是強調人脈結構的重要性。如果人們能找到成為中間人和填補結構漏洞的職位或工作，便可以提升職涯和工作績效，而所謂的擔任中間人和填補結構漏洞，就是連結各個只要相互合作就能受益的單位、人士或組織，讓他們接觸到不同的想法、資訊、機會和資源。

你可能會想問，如果有人不想要，或是基於某些原因無法取得有利的人脈位置，他們是否還能從中受益？雖然這個問題還沒有普遍的答案，但是從中間人的角度來看，答案是否定的。羅納德・伯特做過一項研究，他發現「擔任中間人的利益大多集中出現在直接人脈」，而第二手的中間人「與只能間接接觸的人傳遞的消息價值通常很低，甚至毫無價值。」[25]這裡想表達的是：人脈無法分包給其他人。如果想從人脈和職位取得利益，就必須處於有利的位置，而且必須靠自己的努力達成。

成為中心點

吉亞・尤瑟夫（Zia Yusuf）出生於巴基斯坦，曾就讀明尼蘇達州麥卡勒斯特學院（Macalester College），後來拿到喬治城大學外交碩士和哈佛商學院學位，畢業後進入高盛集團工作。二〇〇〇年一月，他加入知名德國軟體公司SAP，擔任公司共同創辦人哈索・普雷特納（Hasso Plattner）的特別助理。尤瑟夫原本是SAP市場團隊（SAP Markets）的負責人，市場團隊裁撤之後，他獲派去帶領新成立的內部策略團隊，職責是引進外部人才和觀點、經營SAP與其他顧問公司的合作，以及推動公司內部的策略與分析。[26]

二〇〇八年，尤瑟夫即將晉升成為SAP執行委員會的一員。雖然他是個身在德國公司的巴基斯坦人，是個身處工程導向組織的非工程背景人員，又是個沒有商品生產甚至是銷售經歷的人，但他還是辦到了。他到底是怎麼成功的呢？

尤瑟夫很聰明，他解讀情勢和建立人際關係的能力過於常人。他還有另一個權力來源，因為他身為策略部門的主管，有很多機會能夠接觸到高階主管團隊，參加許多場執行理事會議，在會議上呈報團隊的分析結果。他也會與組織中許許多多的員工和單位互動。在SAP內部高階主管的溝通結構中，策略部門的尤瑟夫處於中心位置，因為這項工作的本質就包括在組織內取得和傳遞資訊，因此尤瑟夫和團隊成員在資訊取得方面擁有穩固的優勢。

然而尤瑟夫最終沒有接受晉升，而是到一間管理分配停車資源的科技新創公司擔任執行長，之後成為波士頓顧問集團（Boston Consulting Group）的合作夥伴。他在SAP的成功經歷可是有研究結果支持的。一份實地研究探討網絡中心性在科技和管理創新方面展現權力的效果，結果發現扣除個人特色因素後，證明了中心性的重要性，而且對管理權力的影響尤為重要。[27]另一項研究則發現處於越中心的位置，越容易參與職場內部的人際公民行為。[28]一份關於溝通網絡結構效果的大型全面統合分析，證實了中心性對人們在網絡中行為的重要性。[29]

中心位置會影響可見度。位置愈靠近中心的人必然會得到越來越多人的認識和了解，而這種可見度通常會讓他們成為資訊和機會的中心點，從而擁有優勢。中心位置也會影響取得資訊的容易程度。最早的人脈研究已經顯示，處於中心位置的人可以看到更多資訊，因為他們會經手相對較多的溝通過程，而且能夠更直接地聯絡更多人。這些研究結果的意義在於：人們在評估工作和角色的價值時，必須考量各個層面，其中之一就是得到這份工作或職位後「是否可以處於中心位置」。假如其他條件都相當，就得選擇位置更中心的工作。

為其他人創造價值

最後一個重點就是：務必為別人創造價值，否則別人為什麼會想與你建立連結？別人有時候會用「慷慨」來解釋這個想法，但我的說法不太一樣：設身處地為別人著想，用同理心理解別人的成長背景和面臨的挑戰，能夠更容易地提供通情達理又有效的協助。給予幫助能夠啟動互惠的社會規範，換句話說，施予恩惠能夠創造讓人回報的義務。[30]給予幫助也能夠透過好感度將人們串連在一起，因為相較於不願意提供幫助的人，人們通常更喜歡會幫助自己的人。

透過社會關係提供價值給其他人，可以將「骯髒」或有買賣性質的人脈經營過程，轉變成在所有人眼中更正向的行為，其中包括經營人脈者本身，讓情況變得更像是服務和幫助別人。

這個行為蘊含兩個意義。首先，正如羅斯．沃克在我的課堂上所說，假如你想從「與其他人的連結中」得到價值，就不要讓那個人花心思幫你思考。換句話說，如果你基於某個特定又合理的原因，提出某個特定的請求，希望得到特定的幫助，其他人就能快速判斷他們要不要、或者如何幫助你取得也許有用的資源。如果你的請求比較籠統一點，例如請別人幫你檢視職涯選擇，得到的回應就比較不會如你的意，因為你的要求太籠統又沒有特定的目標。

其次，提供幫助給別人實際上可以幫助你建立權力。假使你能夠以有用的方式連結其他人，就能在建立連結的過程中暗示自己的中心位置和價值。你串起更多連結，就會讓越多人認為你是個有背景（也就是有權力）的人。因此，幫助別人不僅能提供實質的價值，也可以幫助你自己建立名聲，這就是所謂的雙贏。

拓展人脈的時間管理

拓展人脈要花不少時間，而且我們總是有其他事情要做，像是與親朋好友往來、做各式各樣的決定，完成技術層面的工作等等。因此，你必須盡可能有效率地善用時間建立社會關係。

科技可以幫上大忙。人們很習慣透過電子郵件和領英（LinkedIn）、臉書等社群網站，看看別人的生活、更新其他人的近況。雖然效果可能沒有面對面交流來得好，但是作為保持聯絡的方式還是聊勝於無。你也可以運用形形色色的人際關係管理軟體追蹤一直保持聯絡的人，以及掌握哪些聯絡人需要更新。我們務必了解的是，維持關係——尤其是維持弱連結，其實不需要太頻繁或太深刻的連結。偶爾關注一下近況，分享一篇你們都有興趣的好文章，或者讓對方知道你對他的想法，這樣就足夠了。啟斯．法拉利與高中室友保持聯絡的方式，就是在每年對方生日時打一通電話過去。

來自洛杉磯的賽維耶．寇查爾（Xavier Kochhar），在領英上的自我介紹是影片和數據大師。他曾經任職於電信公司 AT＆T 和華納媒體（Warner Media），也成立過數位媒體相關組織。我準備羅斯．沃克的案例教材時有幸採訪他，他明白我的工作是說服別人他們也能做到沃克所做的事，他也明白很多人不願意花費太多時間和精力做這些事情，但是他還是與我分享兩個能讓拓展人脈更有效率的方式。第一，他主張人們在投資精力建立人脈，以及收獲努力的成果之間，必須取得平衡：

任何專業的中間人，到頭來總是要做出一個非常艱難但是非常重要的決定：如何平衡人脈網絡的成長與從人脈取得實用價值兩件事……大部分的人都只能做好其中一件事，或者根本無法顧及兩邊。只有極少數人可以妥善兼顧人脈成長與獲取人脈價值的比例。那些少數人很快便能竄上頂端，而且地位屹立不搖。

第二，寇查爾強調沃克和許多成功人士都是用一種特定方式分配時間：相較於位在人脈中心的人，他們會花更多時間與交友圈外圍的人相處，與有距離的人相處的時間也比親近的人來得長。他告訴我：

我稱之為「社會關係取得悖論」……一個人距離人脈中心越遠，就越難與位於中心的人產生交集……因為中間人在試著把他們拉進來……相較於距離較遠的人，距離中間人最近的人得到的反而較少……為什麼要在已經位於社交圈內的人身上多花功夫？

我們要想辦法在人脈成長與獲得人脈價值這兩件事上取得平衡，與其跟已經在社交圈內的人相處，不如多花一點時間與需要培養關係的人交流，再加上運用科技和考慮聘請員工

（畢竟聘雇幫忙的人手其實沒有那麼貴）兩種方式，都可以幫助你更有效率地經營人脈。

最後，我們用一個實用練習來結束本章節，建議各位貫徹實行我的忠告，我也準備了一些統計數字來解釋原因。思考一下如何運用你的時間，你可以檢視自己的行事曆、問問其他人或結合其他作法。你有沒有投入足夠的時間建立社會關係、參與社會互動？你在哪些對象身上花時間？你是否建立起牽線關係，亦即串連起「能從連結中受益的人士或組織」？你有沒有花足夠的時間與身居高位的人互動？你有沒有至少偶爾花點時間去做對職涯有用的事情？

信不信由你，人們可以學習如何發掘社會資本，學會之後便可以轉化成許多職涯上的優勢。羅納德．伯特在雷神公司（Raytheon Company）做了一項內部研究，比較在訓練課程上學習到經營人脈原則的人與沒有上過課的人，也比較了受到推薦去上課的主管（亦即在別人眼中有能力且具有潛力的人）與沒有去上課的主管。他發現上過課的人：「在績效評估中得到高分的機率高出三六到四二%，晉升的機會也高出四三到七二%……得到公司挽留的機會高四二到七四%。」[31]正如同其他權力技巧，經營人脈也是可以教導和學習的，讀者們務必精通這項權力法則。

法則六

運用你的權力

約翰・甘迺迪（John Kennedy）在一九六三年十一月二十二日遇刺身亡後，時任副總統的林登・詹森立刻接替總統職位，並於當天晚上指派傑克・瓦倫帝成為白宮幕僚。後來擔任美國電影協會會長三十八年的瓦倫帝談到，詹森當時馬上就決定大刀闊斧地運用自己的權力。

瓦倫帝告訴我，搭乘空軍一號返回達拉斯的途中，詹森與三個人在臥室裡長談了六、七個小時。那段時間內，他提出了「大社會計畫」（Great Society）政綱，其中包括聯邦醫療保險（Medicare）、啟蒙計畫（Head Start）、高速公路美化、國家藝術基金會（National Endowment for the Arts）、國家人文學術基金會（National Endowment for the Humanities）、成立衛生教育福利部（後來分成兩個部門）、打擊貧窮、《一九六四年民權法案》等等，不勝枚舉。瓦倫帝記得詹森當時是這麼說的：

> 「現在我有權力了，我的目標是好好運用權力。我要通過《民權法案》，法案被擋下來太久了。我還要通過《教育法案》，讓每個男孩和女孩都能上學，盡可能接受教育……第三，我要通過杜魯門的健康保險計畫」，也就是現在的聯邦醫療保險。他不只是說了這些，而是一路說下去。[1]

詹森明白三件事情。首先，一個人上任新的職位後，可以趕在對手聯手起來對付他之前，利用所謂的蜜月期完成許多事情。其中包括可以幫助他們鞏固權力的成就，以及做出改變將自己的權力化為制度。

其次，敵人通常會存在得比較久，而且敵人心懷怨恨的時間，總是比朋友記得恩惠的時間來得長。從實際層面來看，這表示當一個人擔任某個職位的時間越久，累積的敵人就會越多，地位就會變得更搖搖欲墜，到時候想完成事情的困難度就會更高。因為一個人身居權力大位的時間有限，所以必須快一點完成想做的事情。

當組織的本質不斷趨向政治化，代表著領導人的任期將逐漸縮短。一篇二〇一九年的文章指出：「去年，全球最龐大的兩千五百間公司中，有一七・五％的公司執行長都離開原本的職位，這是資誠聯合會計師事務所（PwC）開始研究執行長任期以來統計到最高的離職率。」[2]二〇〇〇年，執行長的平均任期是八年，到了二〇一〇年代，平均任期便下滑到五年。大城市的教育局長平均任期是五年半[3]，醫院執行長的平均任期也是五年左右。「自二〇一二年起，人員流動率就達到一七％，甚至更高，這麼多年來流動率居高不下也創下歷史記錄。」[4]發生在執行長身上的現象，也發生在各種規模和類型的組織中高階主管身上。

第三點也是本章節談論的主題，就是權力並非什麼稀有珍貴的資源，不會因為不斷使用而消耗。相反地，一個人越常運用自己的權力做事情，例如建構他們周邊的世界，以有助於自身和目標的方式，改變與他們共事以及為他們工作的人，這些作為反而會讓他們擁有更多權力。運用權力就是在告訴其他人你有權力，因為人往往會受到權力吸引，所以你一旦運用了權力，展現你有權力的一面，就能累積更多盟友。因此，權力的第六法則就是充分運用你手中擁有的權力，甚至是超出別人認為你擁有的權力。有效地運用不會讓你的權力消耗殆盡，反而更能夠鞏固你的權力。

利用權力快速完成事情

二〇一一年一月三日，阿米爾．丹．魯賓（Amir Dan Rubin）就任史丹佛大學醫院與門診部（也就是後來的史丹佛醫療中心）執行長。魯賓不是史丹佛體系的人，他以前是洛杉磯加州大學醫療中心的營運長，所以他面臨了空降人士接班時會遭遇的接受度與公信力問題。他剛上任時，史丹佛醫院的急診室僅排名在全美國第五百分位數，病人滿意度大約是四十幾分。前一任執行長當了八年後退休，她在任期間一直絞盡腦汁想解決嚴重的預算問題，而醫院的員工們都覺得她沒什麼存在感。[5]

魯賓上任後，迅速實施了日後廣為人知的「史丹佛營運系統」（Stanford Operating System），最主要的策略方針是改善病人的體驗。魯賓遵循提升品質的原則，要求各個部門擬定適用的標準，衡量自己的工作表現，再將評量結果製作成圖表並張貼在各處，他的辦公室裡也會張貼。他清楚地告訴所有人，不管這一年的表現如何，他都希望隔年可以進步。

魯賓舉辦了許多場大型的主管會議，還有包羅萬象的訓練課程，主題包括如何聘用員工、幫助新進員工更快速融入，還有如何有效地表揚與嘉獎員工。營運的每一個環節都不應該交由運氣決定，而是要採用和推廣最好的作法。魯賓堅持讓領導團隊中的每一個人，包括財務和採購等無須面對病人的職員在內，每個月固定兩次利用下午或傍晚時間，到醫院各個部門巡訪病人和員工，他本人也會遵守這項規定。

對於沒什麼大不了卻令人特別煩躁，而且幾乎存在於所有組織的問題，魯賓採取行動一一解決。舉例來說，血管手術科辦公室所在的大樓幾年內就將廢棄不用，因為所有單位都將搬去正在興建的新醫院，所以普遍認為花錢維修即將廢棄的大樓是「浪費錢」，儘管如此，他仍安排人手去修理辦公室漏水的天花板。另外，他為血管手術科和其他部門設置了代客停車服務，因為醫院的許多病人都是長途跋涉過來接受治療。有了首創的免費代客停車服務，病人前來求醫時就可以輕鬆地繞開新醫院的興建工地，不必為了尋找停車位而徒增壓力。

實施史丹佛營運系統後，醫院幾個層面的整體績效都大幅提升：財務方面，營業利益在四年內提升三百%左右，收入成長約五成；臨床診治方面，失誤和院內感染的問題都減少許多；而病人滿意度很快攀升到全美國的第九十百分位數。雖然魯賓強調自己不是刻意為之，不過他新組成的團隊產生了大規模人事變動，而且不只是高階主管階層，隨著新主管換掉無法在實質上大幅提升營運效率的屬下，往下兩三個層級的人員也產生大幅度調動。魯賓藉由參加會議和培訓、聘請幾個層級的主管、灌輸新團隊自己的經營哲學、花時間與醫院董事相處等行動，提升自己在全體員工面前的存在感，這些行為都能為他創造權力。後來《美國新聞與世界報導》（*US News & World Report*）評選史丹佛醫院是加州最佳和全美前十五大醫院，不論是員工或董事會成員都深感驕傲。[6]

醫院的經營成果，還有為了創造佳績而必須做出的人員與營運變動，都幫助魯賓建立自己的權力，也讓他在全美國的曝光度更上一層樓。後來他離開了史丹佛，原因是他受聘前往聯合健康集團（UnitedHealth Group）旗下的臥騰（Optum）公司擔任高階主管。走馬上任約莫十八個月後，他成為規模不斷壯大的連鎖基層醫療診所OneMedical的執行長。OneMedical於二〇二一年初以ONEM為代碼上市，目前市值四十億美元。我舉出阿米爾·魯賓的案例，是為大家解釋空降領導人建立權力的原則，以及如何迅速達成。

在私部門行得通的道理，在其他地方自然也行得通，而且理由相同。「利用權力做出正向改變」可以鼓勵其他人與你站在同一陣線，並且在別人想辦法破壞你的心血之前先提升自己的表現。一九九五年十一月，盧迪．庫魯（Rudy Crew）成為紐約市教育局長，當時的市長是盧迪．朱利安尼（Rudy Giuliani）。庫魯來自華盛頓塔科馬（Tacoma）學區，學生人數只有紐約教師人數的一半。雖然庫魯出生於紐約，但是大多數人還是認為他恐怕不理解紐約的政策。他告訴我的學生，當所有人都低估他的能力——以軍事術語來說就是放鬆警戒的時候，他便強勢出擊。有一篇文章是這樣描述的：

他上任一年半的時間，便已徹底研究過整個教育體系，尋找其中的弱點。他接著在去年秋天展開一連串改革，宛如重重出了好幾拳。首先，他接管幾間岌岌可危的學校，而且劃分到他所謂的「教育局長學區」……接下來，他展開了大型識字教育推廣活動。之後，他公布紐約市每一所學校的預算報告，給了家長們豐富的資訊……接著庫魯又提供詳細的預算給教育董事會，透過這些過程，證明政府機關不是許多批評者口中的「吞錢無底洞」。在那之後，庫魯公開一項計畫，打算全面革新紐約市繁複的特殊教育計畫，並且宣布自己正在尋找資金，以恢復各級學校的藝術教育課程。十二月，他宣布紐約市將全面採取新國家標準（New National Standards），成為全美國第一個採用的都市教育體系……最後更是致命的一擊，州議會通過新法，要求各區教育局長直接向紐約教育局長負責，這個作法顛覆了持續約三十年的教育實踐……突然之間，庫魯成為紐約市二十五年以來在行政方面最成功的教育局長，更是備受全美國上下重視的城市教育家。[7]

迅速做出改變和提升表現，都能增加領袖的權力，因為能夠合情合理地得到支持。運用權力通常是必要的行為，由於組織內部普遍存在著各種程度和形式的惰性，所以想進步的話就必須改變既定的做事方式。原本存在於組織中的人員和流程通常會希望維持現狀，所以需要運用權力才能改進。成功運用權力做出改變可以增加上位者的權力，遲遲不運用權力或什麼都不做，只會讓現狀繼續維持，權力也將因此逐漸減少。只要能有效運用權力，就能讓掌權者的權力越來越大。

利用權力增加支持者和剷除對手

蓋瑞．拉夫曼成為哈拉斯娛樂公司（Harrah’s Entertainment，凱撒娛樂前身）營運長時，他解雇了幾名高層主管，其中包括因為表現優秀剛獲得獎項肯定的行銷主管。財務長是曾經與拉夫曼角逐執行長大位的勁敵，失敗後他前往競爭對手公司擔任執行長。哈拉斯娛樂後來收購的公司擁有凱撒宮酒店（Caesars Palace）與多間賭場酒店，公司因而改名為凱撒娛樂。拉夫曼實行的計畫，最終讓凱撒娛樂的轉型大獲成功，而他的計畫十分仰賴進階分析，這需要學習一套新的技能，於是拉夫曼廣納擁有相關技能的人才進入公司，按照他的說法是：因為他沒有時間訓練現有的員工，學習這些新技能需要具備分析的基本能力。

不論是什麼類型的組織，新領導人上任後汰換人員是司空見慣的事情，通常都是引進自己的團隊協助組織轉型。前面提到的阿米爾．丹．魯賓，他上任後的幾年內，史丹佛醫療中心幾乎所有高層和部門主管，甚至往下幾個階層的主管都是新派任的。不是所有舊員工都願意達到魯賓的高標準與高期待，更沒有幾個人樂見圖表和統計圖暴露自己不如預期的工作表現。

魯賓到了OneMedical之後，招募了先前共事過的同事。同樣道理，不論盧迪．庫魯在紐約或邁阿密擔任教育局長，他都會安排幾名自己的人手接替高階主管職位，協助自己實行改善學校的計畫。一九九九年，肯特．提瑞（Kent Thiry）成為美國最大洗腎公司「全面腎臟護理」（Total Renal Care，現名DaVita）的執行長，而他早在上任之前就已經「聯絡幾位以前在洗腎公司共事過、他非常信任並喜歡和尊敬的人」。[8]他延攬哈蘭．克利維（Harlan Cleaver）擔任技術長、道格．弗雷克（Doug Vlechk）負責組織變革和文化建立工作，營運長則由喬．梅洛（Joe Mello）接任。

提升績效和做出改變，必須仰賴「擁有必備技能且認同主管願景」的員工來達成。拉夫曼曾說過，哈拉斯娛樂的前任行銷長所做的工作，都只是拍攝蟹腳和美麗場館的照片。拉夫曼的策略則是利用分析，識別出最有消費潛力的顧客，接著根據顧客為企業帶來的經濟價值，給消費力高的顧客特殊服務，以此建立更深厚的顧客忠誠度。前一任主管並沒有、也不太可能擁有足夠的能力，來駕馭拉夫曼交給他的新工作。

當新上任的空降主管需要聘請同盟來一起領導組織時，假如能與了解自己溝通和經營方式的人合作，必能在政策的推展上更加快速和有效率，這樣的助力非常大。還有一件事也很重要，可以說是非常必要，就是確保所有人都有共識。先前與你共事過的人，比較不會反抗你的策略和你為了改善問題所提出的計畫，更不會破壞你的好事。

「人事調動」會對你的權力產生兩個正面影響。首先，組織裡將會有觀點一致的員工，而且有充足的能力可以有效率地執行任務，績效提升之後就能幫助你鞏固權力。其次，在一般來說很棘手又有政治敏感的局面中，你將有盟友與你一起打天下。

策略性轉職

新主管上任後通常會更換直接向新主管回報工作的人，看似理所當然的道理，其實是有研究證實的。[9]尤其是在前任主管表現欠佳、由空降者接任的案例中，管理團隊的人事調動最明顯。[10]不只是政壇領袖會帶來「自己」的團隊，不論什麼類型的組織，包括在企業中，這種情況都很常見。接下來要面對的問題就是，領導者如何在受制於勞動法規、綁手綁腳的情況下解雇員工，而且在美國很多地方和其他工業化國家，甚至會規定雇主不得毫無理由辭退員工，這個時候該怎麼辦？此外，先撇除法律和法規造成的問題，一個人該如何用看起來更親切無害、更為人所接受的方法，擺脫對手和勁敵呢？

我先前已經說過其中一種方式：提升績效通常仰賴新的技巧與進步的決心，所以可以把人事調動視為提升績效的一個重要環節，這個想法通常沒有錯，在政治策略上也非常好用。另外一個方法，是把「有問題的人」換到另一個甚至是更好的職位，讓他們遠離可以製造麻煩的環境，你還會因為幫助他們升職而得到感謝。我把這種方法稱為「策略性轉職」，以下是一個取材自政治界的經典案例。

前舊金山市長和加州眾議院議長威利．布朗是個樣樣精通、令人敬佩的政治人物。他在一九八〇年經過一番苦戰贏得議長選舉後，他利用重劃選區給予民主黨龐大優勢，以「光彩體面的方式，讓最強大的民主黨對手離開加州議會，幫他們在一九八二年的國會選舉中獲得席次」：[11]

> 藉著這個好機會離開加州前往國會的人有郝爾德．伯曼（Howard Berman）（一九八〇年布朗競選議長的主要對手），還有布朗的兩大勁敵梅爾．李文（Mel Levine）與李克．雷曼（Rick Lehman）……議會內其他民主黨對手，例如聖地牙哥的瓦迪．戴德（Wadie Deddeh），也在加州參議會取得安全席次……共和黨員也許從未明白，布朗用獎賞的方式對待同黨的對手，其實是為自己清除潛在的威脅，進而鞏固自己的權力。[12]

假如你想採用策略性轉職解決競爭對手或其他製造麻煩的對象，就不能流露自己最真實的怨懟或憤怒。行事時單純考量策略、絲毫不帶感情，是非常罕見但是非常重要的能力，只有少數人擁有。我們再來看下一個案例。

一九九一年五月二十二日，法蘭西絲·康利博士（Frances Conley）辭去史丹佛醫學院神經外科教授一職。康利是史丹佛醫院首位女性外科實習醫生，史丹佛所有醫療部門中首位女性成員，更在一九八二年成為美國醫學院首位女性神經外科終身教授。[13]雖然她多年來飽受各式各樣的騷擾，不過逼得她突然辭職的導火線是大衛·寇恩（David Korn）院長不顧傑拉德·瑟維伯格（Gerald Silverberg）充滿性別歧視的舉止，執意任命他成為部門主任。

康利憤而辭職的舉動吸引各大媒體和晨間新聞的關注[14]，更引爆醫學院學生的怒火，女學生紛紛抗議接二連三發生的性別歧視行為，康利很快就因為讓大眾關注到這個問題而成為英雄人物。那年夏天接近尾聲時，康利拿到了史丹佛商學院的管理碩士（我們就是在這裡認識的），她也撤銷自己的離職申請繼續留在學校，這樣她才更有能力改變女性學生和教職員受到的對待。

康利突出的表現、研究和臨床技術以及行政能力（她之後成為帕羅奧圖退伍軍人醫院的幕僚長和史丹佛醫學院校務會議代表），讓她在提出辭職後的好幾年間獲得大量受邀演講的機會，還有許多人爭相邀請她擔任行政職位，從部門主任到院長都有。

我撰寫相關案例時訪問了大衛·寇恩，他說自己很清楚，最好的作法就是替康利寫幾封滿是溢美之詞的推薦信，這樣一來她就會得到其他工作而離開史丹佛。但是他坦承自己對她反感，因為她畢竟做出一個「不可原諒」的舉動，就是沒有聽從寇恩的要求，又老是成為他的阻礙，所以其他機構打電話來做背景調查的時候，他總是大肆批評和抱怨康利。他的阻撓讓康利只能留在史丹佛，而正是因為她的留下，才讓醫學院的性別歧視問題不斷受到內部和外部調查，最終導致寇恩丟了院長的位置。

這個故事恰恰反映了，只要能在情緒上展現成熟和務實，抱持不感情用事的心態，策略性轉職的效果將會非常顯著。

運用權力來告訴別人自己多有權——還有你使用權力的意願

這本書一再強調的重點之一，也是我將在下一章特別著重介紹的，就是權力可以保護掌權者，讓他們不會因為取得權力過程中的所作所為而受到懲罰，原因就在於：人們總是想向贏家和成功人士靠攏。因此，領袖務必讓所有人知道自己的地位屹立不搖，還有自己不容忽視的力量，亦即要展現出自己願意以強硬態度去做任何事情來守住自己的地位，以及做任何自己想做的事情。

說到這一點，我就想到馬基維利在《君王論》中的一段名言，講述的就是恐懼對掌權者而言是多麼有用：「令人畏懼比受人喜愛安全得多……喜愛必須仰賴義務來維繫，基於人類的劣根性，只要遇到有利可圖的機會，連結就會破裂。但是人們會因為擔心受到懲罰而感到畏懼，這種恐懼永遠不會消失。」[15]馬基維利也很恰當地指出，領導人的首要責任就是鞏固自己的位置，因為他們一旦失去領袖地位，就再也無法完成那麼多事情。

我在第二個法則「打破規則」曾提到的羅伯特．摩西斯，「相較於二十世紀其他人物，他對於形塑紐約州地景的貢獻尤其重要」[16]，而且影響了全世界的都市設計和建造。他透過展現權力為自己帶來更多權力，因為其他人看到他剷平土地、擊潰反對者的樣子，就會與他站在同一陣線。

一九三六年，摩西斯想暫時停駛一班橫跨東河的渡輪，以便拆掉渡輪碼頭，在那塊土地上建造通往三區大橋（Triborough Bridge）的東河高速公路（East River Drive）。總共有一千七百人會搭乘這個每二十分鐘發一班船的渡輪，他們可不希望這個航班停駛。工程預計花費六十天，菲歐雷洛．拉瓜迪亞市長（Fiorello LaGuardia）說渡輪可不能停駛那麼久。但是摩西斯想展現自己勢不可擋的權力，而且他不想等六十天。羅伯特．卡洛在獲得普立茲獎肯定的摩西斯傳記裡是這麼寫的：

摩西斯命令建造東河高速公路的承包商去買兩艘平底船，其中一艘安裝打樁機，另一艘安裝破壞鐵球。兩艘船準備妥當後……他等到洛克威渡輪（Rockaway）從曼哈頓起航……然後在沒有事先預告的情況下，命令平底船開進渡輪船道，而且把兩艘船緊緊綁在一起……這樣一來，當洛克威號返航時將沒有地方可以停靠，接著他命令打樁機和破壞鐵球把停泊船道砸成碎片。他也從陸地那一側發動攻勢，派遣一群工人去把渡輪碼頭前方約克大道（York Avenue）的鵝卵石拆光，切斷所有通往渡輪碼頭的陸地路線。[17]

市長報警想阻止摩西斯的破壞行動，但是想當然耳遲了一步，建築物已經被夷為平地。摩西斯無視反對意見甚至無視法律，執意去做想要和需要做的事情，這種我行我素的行為模式為他樹立了令人敬畏的形象，也讓他看起來不可一世。有一次，摩西斯計畫拆除紐約中央公園的一處遊戲場，打算拓建綠茵餐廳（Tavern on the Green）的停車場，因而引發抗議。他這次做得太過火反而讓自己沒了勝算，不過對於他的想法和權力的描寫還是非常值得一看：

當地居民抗議公園「改善」計畫也許是前所未聞的事情，但是對摩西斯而言卻是老調重彈，簡直老掉牙了。他擔任公園處處長之後，都盡可能祕密進行這些「改善」作業，讓類似的抗議次數降到最低，所以通常在鄰居注意到有改善計畫之前，工程早已經悄悄開始……在摩西斯衡量「民眾抗議」強度的地震儀上，綠茵餐廳的抗議事件幾乎微弱到連測都無法測到。三十二個媽媽算什麼？他才剛剛把好幾百個媽媽趕了出去，以便興建橫越布朗克斯區（Bronx）的快速道路呢！他現在正忙著把五千個媽媽趕走好建設曼哈頓，還把四千個媽媽趕走來興建林肯中心！[18]

摩西斯很樂意運用自己的權力，而且會來勢洶洶地做想做的事情，他最有名的一句話就是：「有能力的人會建設，沒能力的人只能批評。」[19]包括政治人物、公務員和建設公司的老闆在內，都認為他是有能力完成事情的人。他打造公共建設非常有效率，他總共蓋了「十三座橋、四百一十六英里的快速道路、六百五十八座遊戲場和十五萬個住宅單位，以現在的幣值計算相當於花費了一千五百億美元」[20]，而且大部分都在紐約市，因此吸引很多人投靠他，讓他的權力延續了四十四年。人們很願意暫時忽略他無禮的行為，以及他對自己單位以外的所有機構的鄙視，因為凡是阻礙到他的人都會嚐盡苦頭。

人的觀點可以協助創造現實，所以用展現權力的方式運用權力，做出那些「昭告天下自己擁有權力」的事情，可以確保自己的權力延續下去。

利用權力來建立「延續權力」的結構

史帝夫．賈伯斯被迫離開蘋果公司的時候（他後來成功回到公司，擔任執行長直到他過世為止），矽谷所有公司創辦人顯然都學到非常重要的一課，就是不論他們有多麼成功，手上的權力就是非常脆弱。許多創辦人為了防止這種被趕出公司的噩夢成真，因此設置雙重投票機制，讓自己手上的股票擁有更多治理權（例如選舉董事或考慮合併的權力），而且遠遠大於自己公司所允許的占比。雖然這種設計違背了一股一權的原則，也讓支持良好的公司治理的人感到深惡痛絕，卻還是有非常大量的公司採用這個作法。

接下來舉幾個例子：臉書創辦人馬克．祖克伯手上的每一個股份都各有十個投票權，這讓他手握將近六〇%的表決權，因此他的地位幾乎是不可動搖。新聞集團（News Corporation）的魯伯特．梅鐸（Rupert Murdoch）家族擁有所有的投票權。Google公司的股票分成三級，讓創辦人擁有的不只是大多數的投票權。Snapchat的母集團Snap上市時，販售的股票完全沒有投票權。其他採用雙重股權的公司包括酷朋（Groupon）、Zynga、阿里巴巴、蕭氏通訊公司（Shaw Communications，他們的股東同樣沒有投票權）和優步——說到優步，崔維斯．卡拉尼克想要的話，其實可以繼續把持權力，不必離開公司。

二〇一七年，在美國上市的所有公司中，一九％的公司都至少有兩級投票權不同的股票，而二〇〇五年只有一％的公司採用這種制度。[21]公司透過雙重股權機制讓創辦人的權力成為制度的一部分，這種作法之所以不會受到懲罰，是因為當股票「熱賣」的公司考慮公開募股時，會利用投資人渴望入股的心態來建立有利於現任領導人的條款。

另一個從結構上鞏固權力的方式，就是同時擔任執行長和董事長。二〇〇七年和二〇〇八年，兩種角色由同一人擔任的公司超過六〇％，現在這種安排方式比以前少見了一點，不過二〇一八年的時候，還是有高達四五．六％的公司由一人同時擔任執行長和董事長。[22]

第三個鞏固權力的策略，就是確保沒有可能的接班人出現。傑克．瓦倫帝能夠擔任美國電影協會會長三十八年的時間，其中一個原因就是：他代表整個產業的角色非常稱職，而且他從頭到尾都確保沒有能列入考慮的接班人。環球音樂集團和環球影業的前總裁席尼．夏恩伯格（Sidney Sheinberg）曾說：

「傑克連設想中的接班人都沒有培養——我們從來沒有認真想過，哪一位男性或女性可以接他的班。……勞倫斯．萊文森（Lawrence Levinson，為派拉蒙影業處理政府關係的律師）說瓦倫帝是向大師學習的……前總統詹森的作法就是不要有太厲害的『二當家』，我真想跟他說：『你簡直是終身的總統』」。[23]

我曾經在一間上市的手持式超音波公司擔任董事，我注意到只要在董事會上對執行長以外的主管讚不絕口，那名主管很快就會因為各種理由而離開。於是我告訴另一位董事會成員，把人才留在組織內的最好方法或許是不要過度讚美他們，免得讓他們看起來像是執行長的潛在接班人。剷除可能的接班人以延續自己的權力，是個雖然老套卻屢試不爽的有效策略。

第四，身兼多種相互重疊的角色，會讓對手很難擺脫你這個眼中釘，因為想要拔除你的權力就必須讓你退下許多職位，這項工作實在困難得多，羅伯特．摩西斯就是將這個原則發揮到極致。摩西斯曾經一度身兼十二個職位，包括「紐約公園處處長、紐約州公園委員會主席、紐約電力處處長、三區大橋暨隧道管理局局長」。[24]摩西斯善用公家機關發行債券，收通行費獲得收益，讓他漸漸不必受制於議會的撥款流程，這使得他屹立不搖的權力又有新的支柱。

展現權力和願意使用權力、完成工作、建立讓權力化為制度的結構，就能在運用權力的過程中鞏固權力。如同本章所述的例子，不是每一次使用權力都能得到百分之百的認可，所以領袖必須願意承受一定程度的反對聲音，不過這時候得牢記權力的第一法則——不要過度在意別人喜不喜歡自己。除此之外，在計畫劃除對手與建立規則以延續權力的過程中，難免會遇到風險。所幸大部分的人都習慣避免衝突，因此只要搶得先機就能完成很多事，千萬別小看搶得先機的力量。再加上人們都喜歡親近有權力的人，所以一旦擁有權力，敵人就會變成朋友，對手就會保持中立，權力就能牢牢掌握在你的手中。

法則七

成功（幾乎）可以解釋一切——這是最重要的法則

在這個國家，權貴手上最棒的特權就是擁有犯了罪卻能逃過一劫的能力。

——傑西・艾森格（Jesse Eisinger），ProPublica記者和普立茲獎得主，

內容取材自個人信件

勝者不只是撰寫歷史，而是改寫歷史。

——薩菲・巴考，《高勝率創新》[1]

唐納・川普就任美國總統之前，南卡羅來納州參議員林西・葛瑞姆（Lindsey Graham）曾經說他是「煽動種族仇恨又仇外的偏執狂」。[2]川普在二〇一六年競選總統時，葛瑞姆只是眾多強烈抨擊他的共和黨員之一，他曾毫不留情地痛批「這個未來的總統是『怪胎』、『瘋子』、『不配當總統』等等」。[3]但是到了二〇一九年，馬克・利波維奇（Mark Leibovich）為《紐約時報週日版》撰寫葛瑞姆的報導時，葛瑞姆已經成為川普最熱情和積極發聲的忠實支持者，利波維奇請他解釋自己的轉變。葛瑞姆的回應足以解釋，取得權力大位會如何改變情勢，包括改變兩個人之間的關係：

他（葛瑞姆）這麼告訴我：「好的，從我的角度來說，如果你認識我，就會覺得我不做這件事很奇怪。」我問他「這件事」是指什麼，葛瑞姆回答：「就是想辦法跟他打好關係。」他向我解釋，政治是一門思考什麼行得通、什麼能帶來理想結果的藝術。他告訴我：「我有機會與總統合作，能為國家帶來非常棒的成果。」當時葛瑞姆特別想要得到的結果，就是選上第四任南卡羅來納州參議員，而川普在南卡羅來納州獲得過半數選票支持。[4]

人們擔心遵循權力法則的後果

學生們經常說我的權力學課程是「強迫函數」，意思是我至少能夠暫時強迫他們踏出舒適圈、啟程邁向權力之路。甚至連邀請別人來課堂上演講，也能發揮這樣的效果。前臉書高階主管、現任Ancestry公司執行長劉黛博拉曾告訴我，她知道要來我的課堂上演講後，便對自己打算做的事情更有野心，因為這樣她才有更多心得和經驗可以分享。

我在課堂上運用的許多自我反思練習，都在本書相關章節中有所著墨。舉例來說，我要學生開發個人品牌，用簡潔扼要的文字介紹自己的身分和立場。學員們必須思考他們應該與哪些人打好關係，接著思考建立交情的策略，這麼做經常能夠幫助他們在課程期間拓展人脈。我要求他們以更自在的心態來打破規則，拋棄那些束縛他們的說法與自我描述，也鼓勵他們練習用更有權力的姿態發言。這些練習都會「強迫」人們有策略地思考如何構築邁向權力之路。

這樣的「強迫函數」，以及提供讓學生可以實際拓展權力的知識和自信，在我的教學中是非常重要的面向。人們培養出相關的行為後，知識和自信就會化為實際行動，創造和改變人們的行為，讓他們不再受困於現狀。這種刺激非常重要，因為儘管大眾普遍認為「在大部分社會組織內都必須仰賴權力才能完成事情」，但仍有許多人對於追求權力在基本上還是抱持著矛盾的心態。

對於追求權力的矛盾心態，一部分是來自人們對取得權力和可能付出的代價充滿擔憂。舉例而言，光是取得權力的過程就令人擔心，萬一他們的行為冒犯別人怎麼辦？萬一他們掙脫禮節的束縛、挑戰了社會規範的極限該怎麼辦？

人們也會擔心變得更有權力所造成的後果。如果在權力上升的過程中，他們打敗的人變成敵人和對手該怎麼辦？如果他們的成功引發別人的嫉妒和怨恨（這幾乎無可避免），該怎麼辦？萬一樹大必定招風，或者像希臘神話伊卡洛斯（Icarus）一樣飛得太靠近太陽而註定墜落，那該怎麼辦？

以權力作為動機

先把擔憂放在一旁，許多人追求權力是因為那是非常強大的動機。數十年前的研究就已發現，這個追求動機的強度會決定一個人的權力階級，而且與彰顯聲望和地位的展示方式息息相關。除此之外，研究顯示女性和男性擁有的權力動機並沒有性別上的差異。[6]不過，並非所有人都會受到權力驅使，而且某些人會選擇放棄權力，可能是因為權力蘊含太多野心、太多個人主義和自私的行為，或者是太多的馬基維利主義。在此我必須澄清一下，假使你想完成事情以及改變人生、組織和世界，權力和影響力幾乎可說是必不可少的元素。為了替自己不願意追求權力的心態找個合理的解釋，人們總是會找法子讓自己擔心追尋權力過程中的每一個環節，以及做了之後會發生的事情。

對於這些擔憂，我的回應是：人們不該過度放大那些事情的重要性或相關性，輕輕帶過即可，因為權力本身會讓許多問題消失無蹤，其中包括在取得權力的過程中做的事情——而這正是第七法則的核心。除此之外，你必須先爬上高位才有辦法從上面跌下來，所以還是等取得權力之後再來擔心失去權力的事吧。

當然，身居高位經常會招來忌妒。人們只會嫉妒成功和地位高的人，不會嫉妒沒有權力的人。不過，權力也會促使別人更渴望親近高位者、與掌握大權的人建立交情。擁有權力可以增加能見度，也會讓其他人放大檢視他們的行為，他們受到批評的可能性會隨之增加，這就是得到更多關注的後果。但是，權力也會讓人們更願意忽視有權力的人做出的違法行為，這就是本章的論點。

手上握有權力，會增加其他人想逼他們下臺的可能性。相較於金字塔底部，金字塔頂端的職位競爭總是比較激烈。不過權力會增加支持者的數量，因為人們會受到權力吸引，想要加入權力的小圈圈，而且也有更多人想要與上位者或正在邁向高位的人結盟。假如想要成功取得權力，你恐怕必須打破幾個規則，正如法則二的主題，而打破規則本身也可以幫助你創造權力。簡而言之，取得和掌握權力，確實會產生一些與掌權者對立的社會動能。

擁有權力和地位、占據主導位置，會產生讓掌權者延續權力的社會過程。事實上有證據顯示，你不需要擔心自己在取得權力的過程中做了什麼事，也不必太擔心自己失去權力，因為許多組織和社會動能會幫助你延續優勢，不會讓優勢慢慢減少。接下來我將解釋本章節標題為什麼的確屬實：「權力和成功」通常會讓其他人忘記或原諒你為了得到權力而做的事情。

總之，第七法則就是權力和隨權力而來的聲望，可以解釋你所做的絕大部分事情。其中的道理可想而知：你的任務就是取得權力，當你一旦取得權力，多半都能牢牢握在手中。我希望本章節可以讓你相信，這個看法真的有憑有據。

大部分的社會過程會讓優勢維持一致或加強，而不是產生改變

很多人會看到，或者想看到組織保持穩定。正如同恆溫器可以讓室內保持適當溫度，組織過程和社會過程的作用也是維持平衡、糾正不公正的行為，以及確保組織維持高水準表現。如果往上衝得太高、太快，你可能就會被拉下來，這就能解釋為什麼有一句日本俗諺說「出頭的釘子遭敲打」[7]，澳洲也有所謂的「高大罌粟花症候群」，意指要修剪長得太高的罌粟花，就是推崇謙遜低調的美德。[8]

從追求穩定的角度來看，只要違反社會規範就會遭受制裁，如此才能夠維持社會秩序。違反法律或打破規則將會遭受懲罰，同樣是為了集體的福祉而保持規則和法律的不可侵犯性。表現欠佳或濫用資源會面臨懲處，這是社會群體為了確保繼續生存而執行的規定。追求穩定的過程能夠恢復正義和秩序，懲罰做錯事的人可以實行社會規範，再加上表現欠佳會受

到制裁，這些措施都可以促進社會體制的營運，準確來說是讓社會體制生存下去。

雖然這些想法都不錯，有時候甚至可說是非常正確，組織和社會過程多數時候還是會放大既有的優勢、延續權力和地位，而不是取得平衡或削弱優勢。就這一點來看，組織行為大多符合「馬太效應」。根據新版國際聖經《馬太福音》所言：「因為凡是有的，還要多給他，他就充足有餘；凡是沒有的，連他僅有的也要奪過來。」（《馬太福音》第二十五章二十九節）。[9]最早提出馬太效應的是社會學家羅伯特．墨頓（Robert Merton），主要描述在科學界獲得地位和認可的過程。墨頓觀察發現，給予獎賞的過程有時候不太公平，越知名、越有聲望的科學家，在學術貢獻方面得到的認可會高得不成比例，即使是與其他科學家共同研究的成果也一樣。

本質上，馬太效應描述的正是累積優勢的過程。「訓練有素的能力、結構位置和可用資源，這些相對優勢會讓後續的優勢不斷增加，使得科學領域（如同社會生活中其他領域）的『富人』與『窮人』差距越來越大。」[10]性別等社會地位的歸屬標記，也會影響作者從出版作品中得到的功勞與讚賞。舉例來說，女性研究者出版的作品比較少人引用，除了在多元度比較高的領域和學科比較不會受到影響。[11]地位較高的共同作者會得到比較多功勞，這當然就表示所有共同研究都對地位較高的作者更有利，可以確保他們得到更多名聲優勢。一篇針對經驗數據的回顧文獻發現，成功催生更多成功的累積優勢現象，不只出現在科學界的地位授予過程，而且是非常廣泛。在社群網絡中有所謂的「偏好依附」概念，就是指「連結的節點越多，未來必定會吸引更多新的連結」。[12]

許多社會力量會產生累積優勢。一個人越有權、越成功，就越有可能吸引有才華的人與其共事，而擁有這種吸引優秀人才的能力，便能增加他後續成功的機會。同理，一個人越有權、越成功，其他人就越有可能想在他身上投資，或者與他一起投資。這種可以吸引資源的優勢，會增加他未來成功和表現更出色的可能性。確認偏誤是指人們傾向證實既有的信念，也就是說，某個人一旦功成名就，人們就會認為他未來還會再成功，完全不管對結果的客觀評量為何。研究顯示，人們會更留意已得到證實的資訊、更容易記住符合自身觀點的資訊，還會選擇性遺忘不符合認知的資訊。[13]留意和記憶的認知過程，以及對於和信念一致的偏好，都會加強最初的優勢。

累積優勢是取得權力後還能歷久不衰的原因之一，但是無法在心理學上全面解釋，為什麼即使遭遇失敗、展現無能的一面、做出不道德甚至違法的行為後，權力還是可以屹立不搖。為了解釋第七法則足以在各種情況下都站得住腳的權力持久性，我們必須先深入探究這個「能夠原諒各種不當行為」的機制。

另一個觀點：權力與地位的代價

開始討論「權力通常可以自我延續」的話題之前，我想先承認「權力可以為不當行為開脫」的這個說法並不是個明顯或得到明確支持的立場。以下的機制或許能解釋為什麼權力會為掌權者帶來更嚴厲的制裁，以及為什麼會增加掌權者垮台的可能性。

北卡羅來納大學教授艾莉森・弗雷戈爾（Alison Fragale）與其同事主張，在別人眼中，握有更大權力的人行事擁有更多自主權和意圖。首先，因為權力讓人得以為所欲為，也會引導人們以更正向的角度看待未來、更積極地追尋目標，所以當掌權者犯錯的時候，就必須為自己的行為負起更多責任。在別人眼中自主權越高的掌權者，就會受到其他人越嚴厲地制裁。其次，研究者主張，地位較高、權力較大的人行事時，看起來都是為了自身利益或追求自身的福祉，這樣一來也會引起更嚴厲的批判，因為缺乏有利社會的動機。弗雷戈爾和同事做了兩項情境實驗，發現犯錯者的地位越高，觀察者就會想對他施加更嚴厲的懲罰。[14]

另一項機制是：權力會帶來更高的曝光度，讓旁人對掌權者投入更多關注。因此，掌權者違法或失敗的行為更容易引起注意，因而受到更多反對和制裁。舉例來說，一份針對英國國會浮報公帳（實際上是亂寫支出報告）醜聞事件的研究發現，相較於地位較低的國會成員，地位較高者更容易因為報帳出問題而受到媒體和選民撻伐。[15]

現有的以懲罰為主題的研究文獻中，沒有明確地解答社會地位對懲罰力道的影響；不過有些研究發現，權力越大者犯了錯會受到越嚴厲的制裁，有些則主張高位者受到的懲罰較少。[16]結果之所以模稜兩可，原因可能有二：一是地位較高的人比較能夠隨心所欲，他們的行為比較不會受到負面評估；二是地位較低的人會引起更多同情，而且會因為缺乏權力而得到一些「認可」。[17]

儘管權力會伴隨更高的曝光度，掌權者也因為擁有更多力量和自主權，所以必須負起更多責任，而且旁人對掌權者比較不會產生同情心，不過我還是覺得權力通常可以保護掌權者，避免他們因為自身行為的後果而遭受太多折磨，理由包括先前引述的原因和我接下來要討論的證據。

權力和財富保護犯錯者的案例

我之所以主張權力和金錢可以保護人們，不會因為自身行為遭受嚴重後果，一部分原因在於人們想要親近有錢有權力的人，所以願意原諒掌權者，或者是忽視他們錯誤的行為。我有義務至少提供幾個看起來很可靠的證據，佐證權力能產生保護力這個說法。儘管我無法提供非常全面的案例，告訴各位有權力的人做了哪些不對的事，又遭遇了（或沒有遭遇）什麼後果，不過掌權者逃避制裁、尤其是社會制裁的例子，真的是不勝枚舉。

首先我們來談談ProPublica記者，也是普立茲獎得主傑西．艾森格的著作《膽小鬼俱樂部，暫譯》（*The Chickenshit Club*）[18]，他在書中探討了社會改變為什麼、又是如何能夠削弱檢察官起訴白領罪犯的能力和動機，尤其聚焦在二〇〇八年金融危機期間沒有受到起訴的得利者。艾森格的看法非常直截了當：許多檢察官之後都轉任被告的辯護律師，因此在某種程度上，已經與設想中的對手達成身分認同。一篇針對艾森格這本書的書評表示：

> 原本處在對立面的檢察官與辯護律師都是同樣的人，只是職業生涯中不同階段的身分。調查高層主管是否有犯罪事實不只是風險很高而已，除了會危及未來到頂尖法律公司的合作機會，最重要的是會招來「社會焦慮」，特別是在司法部最常見到的那些舉止得體的成功人士。沒有人想當階級叛徒，尤其是在那個階級的人都這麼好的情況下。[19]

他的主張不只能套用在檢察官與辯護律師的關係，還可以套用在更廣泛的情境。掌權者們的軌跡都很相似，包括社交圈和公益事業。他們經常參加一樣的會議和活動，尤其會與來自相同產業的權力人士頻繁互動。他們可能會任職於同樣的營利和非營利董事會。因為有這些直接與間接的社會連結，當他們看到與自己相似的人犯錯時，不僅會控制住所有憤怒情緒，還會降低制裁犯錯者的興趣。所以最讓處於權力結構之外的人感到意外的是，這種得過且過的文化會讓掌權者處於上風位置，幾乎可以說是不論他們做了什麼，都可以逃避非常多甚至是所有後果。

我有一個例子可以說明這個現象：我正坐在比佛利山核心地區的一間舒適辦公室裡，身旁是跟我一起來募款的哈佛同事。有人建議我查一下我們要去拜訪的人，這樣能讓我在會面的時候比較自在。於是我上網查了查資料，發現蓋瑞．溫尼克（Gary Winnick）與麥克．米爾肯（Michael Milken）曾一起在德克索投資銀行（Drexel Burnham Lambert）賣垃圾證券，而溫尼克在一九九九年成立的環球電訊公司（Global Crossing）募得了將近兩百億美元，在全世界鋪設光纖電纜。

二〇〇二年，環球電訊公司宣布破產。公司破產後，溫尼克賣出了七億三千八百萬美元的股票。[20]後來，環球電訊公司的股東和前員工控告公司高層和董事證券詐欺，要求三億兩千四百萬美元的和解金，他自願賠償其中的五千五百萬美元。由於前員工受到公司破產所累失去退休金，後經勞動部居中協調，最終要求公司拿出七千九百萬美元的賠償金，其中的兩千五百萬美元由溫尼克自掏腰包支付。溫尼克後來逃過美國證券交易委員會的起訴和制裁（最終以三比二的票數遭到否決）。[21]所以溫尼克不同於本章要討論的幾個人，他不論是刑事或民事訴訟都逃過一劫。

你算一算就會發現，蓋瑞．溫尼克不僅逃過一劫，還賺了不少錢——七億三千八百萬扣掉八千萬，仍然有六億五千八百萬美元。除此之外，他還擁有洛杉磯數一數二的大豪宅。溫尼克一直是非常多慈善機構最慷慨的捐贈人，環球電訊公司倒閉之後，他獲頒母校長島大學波斯特分校（C. W. Post）的榮譽博士學位，大概是因為他過去（以及未來持續）對學校的慷慨贊助。

溫尼克的辦公室和許多人一樣，掛滿他與知名人士的合照，包括教宗、兩黨總統、市長、國會議員、來自各州、各城市和各地區的顯赫人士，還有數不盡的名人。許多照片的拍攝時間，都是在環球電訊公司倒閉之後。溫尼克的人生充滿權力、特權和門路，最重要的是擁有豐富的人脈，藉此與許多重要、出名和有權力的人建立社會連結。

差點忘了，我剛剛有沒有提到他和麥克．米爾肯都在德克索投資銀行工作過？有一天，我在收看奧克蘭運動家隊比賽的電視轉播時，發現麥克．米爾肯坐在轉播室內擔任來賓，播報員介紹他是一位慈善家，而這個說法倒也不假。米爾肯曾經是攝護腺癌病患，因此大力贊助醫療研究。他也曾經贊助成立智庫「米爾肯研究中心」（Milken Institute），還資助了多不勝數的慈善事業。不過，米爾肯最有名的事蹟莫過於在德克索投資銀行發明垃圾債券融資法，幫許多人賺了不少錢，其中有很多人現在仍活躍於華爾街。

一九九〇年四月，「經過四年的調查與起訴，米爾肯同意承認六項違反證券法的犯罪指控——而且只是技術性違規，不是原先對他的九十八項起訴……他付了六億美元的罰款」[22]，米爾肯接著在一間維安非常鬆散的監獄服刑二十二個月。他還支付了五億美元給德克索投資銀行的私人投資者，因為他們在公司清算財產後都蒙受財產損失。

一篇寫於二〇一七年的文章稱米爾肯為「華爾街最受敬重的人物之一」，我認為說得非常精準。那篇文章由財經記者威廉・柯漢（William Cohan）撰寫，他引述了一個後來認識米爾肯的人說的話：「麥克・米爾肯有點像吉姆・瓊斯（惡名昭彰的瓊斯鎮大屠殺主使），只是他有十億美元財產、公關主任，還有一間華麗的辦公室。」[23]

功成名就，也就是金錢和權力，可以化解許多假設的罪行，讓其他人忽視、遺忘、不在意或合理化那些錯誤的行為。據推估，擁有上億元財產的生活風格大師瑪莎・史都華，二〇〇四年在一場內線交易案件中向調查員說謊，因而被起訴妨害司法公正、偽證罪和共謀罪，吃了五個月的牢飯。儘管有犯罪前科，卻一點也不影響史都華經營她的品牌。後來她同時授權梅西百貨（Macy's）和潘尼百貨（J. C. Penney）使用她的品牌和照片銷售床單、毛巾和家用器具，兩間百貨都以為自己與史都華簽下的是獨家合約，她因此遭到判刑。儘管如此，她的時尚與生活風格建議還是深受歡迎。[24]

惡名昭彰的性侵犯傑佛瑞・艾普斯坦（Jeffrey Epstein），在接受重新調查並於紐約監獄結束自己的性命之前，可是活躍於佛羅里達和紐約上流社會的金融家，甚至與一名英國王室成員有交情。某個消息來源指出：「二〇一〇年，艾普斯坦離開佛羅里達監獄的隔一年，主播凱蒂・庫瑞克（Katie Couric）、主持人史蒂法諾普洛（George Stephanopoulos）與一名英國王室成員，就一起在他曼哈頓的住宅共進晚餐。隔年，有人拍到艾普斯坦參加了『億萬富豪』晚宴，與會者都是傑夫・貝佐斯和伊隆・馬斯克之類的科技業巨擘。」[25]《邁阿密先鋒報》（*Miami Herald*）記者茱莉・布朗（Julie K. Brown）後來揭發艾普斯坦的惡行，並且寫了一本書，其中一篇書評寫到：「他在曼哈頓監獄自殺的一年前左右……這個自詡為金融家的人物，可是有能耐馬上聯絡到全世界最有錢、最聰明和最有權力的那群人。」許多記者「都對他的親和力讚嘆不已，也因為他身旁總圍繞著名人而被蒙蔽了雙眼」。[26]艾普斯坦首次出獄後，曾經給私募股權和投資管理公司阿波羅（Apollo）的共同創辦人里昂・布萊克（Leon Black）非常有價值、報酬非常高的服務。

我描述的現象可以套用在女性和男性身上。我之前和一位擔任資深人資主管的朋友吃晚餐，她偶爾會來我的權力學課堂發表演講。她說自己最近在矽谷參加了一場社交活動，認識一位非常有魅力又迷人、看起來很有權勢的年輕女性，她問我想不想認識她。伊莉莎白・霍姆斯在Theranos公司倒閉後，顯然正在為下一個投資項目募款。儘管當時因為Theranos公司垮台，關於她的紀錄片和文章如雨後春筍般冒出，她甚至還在等待著接受審判，但霍姆斯依然深受權力社交圈的歡迎，而且顯然為自己的下一個行動成功募到一些款項。

伊莉莎白・霍姆斯可以如此輕鬆地穿梭在掌權者的社交圈，並且募到資金，其實我一點也不意外。矽谷到處都看得到這一類的故事，犯錯的人很快就會得到原諒，然後迅速獲得更多經濟支援進行下一項投資。帕克・康拉德（Parker Conrad）是人力資源軟體公司Zenefits的執行長，他被迫在二〇一六年二月辭職，因為當時「公司被指控蓄意高估銷售預測，又因為沒有替某些員工取得保險經紀人執照而被指控藐視法律。」[27]二〇一七年，康拉德成立了員工管理軟體新創公司Rippling。二〇二〇年八月，Rippling募得一億四千五百萬美元的資金，公司估值達到十三億五千萬美元，儘管面臨過法律和道德爭議，康拉德在公司創立初期的籌資工作卻完全沒有遇到問題。

另一個例子是麥克・卡格尼（Mike Cagney），他原先是個人理財公司Social Finance的執行長，後來董事會發現他與員工談戀愛，儘管他告訴董事會自己沒有發生職場婚外情，還是沒有保住執行長的位置。「但是在卡格尼離開Social Finance僅僅幾個月後，兩位擔任公司董事並且對卡格尼的事瞭若指掌的創業投資家，為他的新創公司投資了一千七百萬美元……之後卡格尼又從其他新創貸款機構募得四千一百萬美元……曾經發生的事情（即使是不久前才發生的事），通常都不會成為勝敗的決定因素。」[28]

同理，優步公司和其前執行長崔維斯．卡蘭尼克的故事，也說明了「他那些伎倆——說謊、蒐集情報、違法賄賂、恐嚇記者和競爭對手——全部都奏效……只要優步公司的估值向上攀升……即使是嚴苛挑剔的董事都願意無視他的不當行為。」[29]

澄清一下，我絕對不是在建議各位犯罪、當性犯罪者、趁公司破產時揩油水、違反保險法或其他規定，或者誇大公司的能力或產品。但是我們可以從這些相似的故事中學到一個對你、甚至對社會而言非常重要的道理：如果你很成功、富有、有權力，又有許多有錢有權的朋友，也就是擁有很好的人脈，你的成功和人脈就有可能（注意，我說的是有可能，不是一定）可以保住你的權力和面子，不管你做了什麼事情。簡而言之，一旦你爬上金字塔頂端了，你在邁向權力的道路上做過的事情就會被人遺忘或得到原諒，或兩者都是。

權力可以保護掌權者，讓他們無須面對自己的行為導致的所有後果，這也許就能解釋為什麼掌權者總是會先做出不當行為。有幾位社會心理學家曾經寫過文章討論「權力是如何使人類行為失去抑制」，給「權力使人腐化」這句話一些經驗上的證據。[30] 權力會讓人們更容易得到獎賞，而且得到的利益遠比失去的多，並且會讓人變得更樂觀，促使他們做出更多有風險的行為[31]，因此感覺上人們會更自由自在地去做沒有權力時不會做的事情，他們在積極追尋目標的同時，不會太在意自己的行為將如何影響他人。

本章節也另外提供了一個合理的說法，解釋為什麼這種失去抑制、違反規範的行為更容易出現在有權力的人身上。權力讓人違反社會規範和傳統的原因之一，是因為權力可以保護他們，讓他們不必去面對自己的行為造成的糟糕後果，確保他們不需要像比較沒有權力、比較沒錢的人一樣負起責任。如果權力能幫助人們不必面對行為的後果，掌權者可以更恣意妄為就不是什麼令人驚訝的事了。

我可以料想到很多人的想法：這些人終究會自食惡果。在我寫這本書的時候，伊莉莎白．霍姆斯正面臨著四項電訊詐欺罪審判，帕克．康拉德被Zenefits開除了，傑佛瑞．艾普斯坦死在監獄中。儘管製片大亨哈維．溫斯坦（Harvey Weinstein）在好萊塢呼風喚雨，還是被判犯下性侵罪，伍迪．艾倫（Woody Allen）則是因為被指控性虐待而導致電影拍攝計畫取消，電影發行和上映也受到限制。

但是惡人的惡果是需要經歷千辛萬苦才會發生的，而且事實上這種情況很罕見。艾普斯坦垮台的原因之一是當地的記者決定追蹤報導，了解這位重罪犯為什麼可以不斷結交有錢人與名人，又能繼續過著導致他身陷囹圄的「狩獵」生活；不過在現代快速合併壯大的媒體生態圈中，這樣的記者已經少之又少。儘管《邁阿密先鋒報》大力支持茱莉．布朗，她在追蹤報導的過程中依然遭遇無數障礙。此外還有《紐約時報》的記者茱蒂．坎特（Jodi Kantor），她決定去調查一個位高權重的犯罪者，於是與同事梅根．圖伊（Megan Twohey）一同揭發哈維．溫斯坦，她們後來出版了一本暢銷書，還得到普立茲獎肯定，而溫斯坦最終的下場是鋃鐺入獄，電影公司也隨之倒閉。

不過務必要注意，最終被拉下權力大位的人，都是因為做了特別令人髮指的事情，而且其中大部分的情況都是犯案長達數年，直到他們終於倒大楣，遇到了會在乎他們所做所為、又有辦法揭露他們罪行的人。絕大多數人在大部分的時候都不會遭到調查，權力也會繼續牢牢握在他們手中。

我們的任務是從社會心理學的角度，了解他們的權力為什麼可以如此穩固，如此一來，當我們遇到類似情況時才不會太過驚訝。

動機認知提供了忽視不當行為的機制

「人們總是相信他們的想法能夠得到真實的準確印象，但是經過仔細調查後，這種假設就會崩塌。」[32]動機認知的現象解釋了一個無所不在、毫不費力又全面的過程，也就是：「一個人的目標和需要，會引領他們往想要的結論思考。」[33]簡而言之，亦即人們只會看見和相信自己想看見、想相信的事情。動機認知的許多表現形式都是為了確保掌權者可以繼續掌權，以下就是幾個動機認知現象造成的效應。

達到一致的渴望，以及這種渴望如何影響對掌權者的觀感

這個所謂的認知一致典範，其核心假設是：「人類對於認知一致的需求根深蒂固，如果無法達成一致就會感到苦惱。」[34]認知一致假設的運用非常廣泛，不只是心理學，在組織心理學、神經科學、經濟、社會學和政治科學都會用到。對於一致信念的需求和驅使的假設最近遭受批評，反對方的主張是：追求一致信念的明顯效應，應該解釋成「接收到不同資訊而更新自己的認知信念」，而非人類的基本動機。就我們討論的主題而言，這種區別其實沒有太大差別，因為兩種例子的經驗預測十分相似，也就是認知傾向於一致。

這種一致效應會很直接地影響權力，以及維持權力的方法。「某人很有權力、富有又成功」的認知，會影響我們對那個人其他方面的信念，例如認為他們有道德、能幹、聰明、勤奮，是個讓人想要接觸的對象。最重要的是，比起權力、財富和成功，我們對某個人特質的理解比較容易改變，因為權力、財富和成功背後有更穩固的事實支持。傑夫．貝佐斯毫無疑問是全世界數一數二的大富豪，唐納．川普在二〇一六年當選美國總統，而且在二〇二〇年大選獲得美國史上第二多的普選票。如果要達到認知一致，與其否定他們明確的財富與權力，其實更合理的心態是相信這些人的特質與他們的成就相符。

這個現象的意義在於：人一旦獲得財富、名聲、地位或權力（這幾件事理論上是不同的概念，但是經常伴隨出現，所以意義上沒有太大區別），人們對於認知一致的傾向就會自動歸因，從而鞏固對那個人的權力、影響力、才智等等所抱持的信念，由此產生自我鞏固的循環。

下面這個例子可是獲得研究支持的，足以解釋信念的一致性如何運作。柏克萊商學院教授巴瑞．史托（Barry Staw）注意到工作團隊、組織和個人的不同面向，與各種工作表現成果之間的關係。史托的主要論點是，雖然許多學者和其他人認為那些面向可以預測工作成果，但是有可能是人們知道那些成果之後，才影響了對團體或組織特質的判斷，他的這個論點後來得到實驗證實。他是這麼寫的：

> 假設組織的參與者和組織研究者都採用關於成果表現的理論，那麼回應者便會把對於成果表現的認知當作線索，用來了解自己、工作團隊和組織的特質。根據這個特質來歸屬假設，那麼組織特質的自我陳述資料，或許可以實際呈現結果，而不是成果表現的決定因素。[35]

史托的論點不只能套用在組織表現、自我陳述或橫斷面資料的特質歸因上，也可以解釋人們如何讓「推論」與「對其他人的觀察事實」保持一致。與權力相關的推論幾乎總是會加強既有的認知，讓掌權者看起來值得擁有手中的權力，因而確保他們繼續掌權。

公正世界的信念與合理化不當行為

大部分的人都想要相信這個世界既公正又公平，人們大多能得到自己應得的東西。社會心理學家梅爾文．勒納（Melvin Lerner）提出的「公正世界謬誤」（just-world hypothesis）指出，相信世界是公正的會讓人們認為一切是可預測、可掌控的。人們喜歡確定的感覺，也喜歡自己對周遭環境產生的影響。相信公正世界的意義在於：遵循規則就會榮華富貴，打破規則或法律就會受苦受難。

有些人沒有意識到的是，這套邏輯反過來也能運作。人們相信自己能得到應得的東西，背後隱含的另一層意思則是：遭遇挫折或失敗的人，想必是做了什麼壞事才會自食惡果。這樣的想法可能會變成檢討受害者。相反地，得到榮華富貴的人大概都是非常值得擁有這樣的好運，人們追求這種對於好運和壞運的解釋，就會延伸成所有結果都只是機率問題。

公正世界理念作為認知一致性的另一種表現方式，會讓人們認為成功獲取權力和財富的人都具備正向的行為和特質。一旦讓那些人與正向特質產生連結，其他人就會因此向他們靠攏，會想方設法親近他們、幫助他們、讚美他們，以及用各式各樣的方法幫助他們在未來繼續擁有權力與地位。

動機認知的例子：道德合理化

三位行銷學學者想要解決一道難題：該如何讓消費者繼續支持做出不道德行為的公眾人物、公司或品牌。[36]其中一個問題就在於一致性。從某個角度來說，他們也許對於公眾人物或公司有著深刻又堅定的感情與偏好，但是換個角度來說，大部分的人都認為自己很有道德。他們面臨的兩難困境是：身為一個有道德的人卻想支持做錯事情的人，如何解決這之間潛在的不一致與拉鋸呢？

其中一個解決不一致的方法，就是道德合理化。正如同已故社會心理學家艾伯特・班杜拉（Albert Bandura）與同事所言，道德合理化是指：人們重新定義和建構其他人做出的不道德行為，策略包括「一：重新定義有害行為；二：盡量縮小肇事者在傷害行為中扮演的角色；三：淡化或扭轉肇事者造成的傷害；四：將受害者妖魔化或變成眾矢之的」。[37]道德合理化的過程讓人們重新定義行為者，認為他們其實沒有那麼壞，或是認為真的不是他們的錯，因而讓人們可以繼續與犯錯者保持連結。

三位行銷學者在文獻中提出另一個解決不一致的方法，那就是道德脫鉤。在這個過程中，觀察者會承認自己喜歡或深受其吸引的人犯了錯，但是也會主張他們犯錯的不道德行為與其他事情沒有關係，以此來合理化自己繼續受他們吸引、願意與他們繼續產生連結的原因。道德脫鉤是指「一種心理學上的分離過程，顧客（和其他人）會選擇性地區分對道德的評價與對表現的評價。」[38]

舉例來說，高爾夫球名將老虎伍茲（Tiger Woods）的婚外情與他的球技沒有關係；比爾．柯林頓與莫妮卡．陸文斯基的緋聞，與他有效推動美國經濟的能力沒有關係；企業高階主管各式各樣的性騷擾小醜聞，與他們身為商業策略家或營運經理的技能也沒有關係，諸如此類。道德脫鉤讓人們得以在承認他人犯錯的同時，又能夠主張犯錯者與其表現沒有關係，而且他們的優秀表現才是自己支持他們的動機，所以道德脫鉤在認知層面上較容易達成：

> 我們發現相較於道德合理化，道德脫鉤更容易取得正當性，感覺上也比較「正確」。道德合理化的過程必須寬恕其他人不道德的行為，可能會威脅到消費者認為自己有道德的自我形象，而道德脫鉤讓消費者得以在譴責犯錯者的同時繼續支持犯錯者。將表現與道德分開來看，就可以一邊支持不道德的人，同時避開自責的心態。[39]

根據我的不專業觀察，我發現道德合理化和道德脫鉤都經常有人使用，但是道德脫鉤確實是運用得更頻繁，好讓人們合理化自己繼續與犯錯者有所連結的原因。最根本的重點是：人們有很多方法可以在認知層面上重新定義和重新評估某個情境的價值，讓自己在有利益的情況下持續與有問題的掌權者結盟，同時維護自己的道德操守。

靠近權力和成功的渴望會影響人們與掌權者的關係

人們會受到掌權者與成功的人吸引，他們會去尋找並且想盡辦法靠近既有權力又成功的人。於是，他們先前與其他人的關係和對他人的評價就會改變，以此來配合他們想要與成功的掌權者親近和交流的渴望。其中的意義在於：一旦有人取得權力、地位、財富，人們就會轉變自己的態度和行為達到兩個目的，其一就是與權力一致，其二是與靠近掌權者的渴望一致。接下來舉幾個例子說明。

加州大學舊金山分校的乳癌外科醫師蘿拉・艾瑟蔓，與其他人共同創立了每年預算八千萬美元左右的非營利組織，致力於改變醫療體制，得過的獎項更是多到不勝枚舉。她是我以前教過的學生，而且原本十分排斥課堂上教導的許多原則。我在二〇〇三年底曾經以她的故事作為教材，聽完課堂上的案例討論之後，她便開始調整自己的作法，融入權力法則。我撰寫案例時訪問了許多人，他們都提到艾瑟蔓源源不絕的活力與自信，但是也提到旁人對她的看法呈現兩極。有一位加州大學舊金山分校的腫瘤科資深醫師就不太喜歡蘿拉，非常不認同她的行事作風。我撰寫案例的那段時間，他們兩人經常發生衝突。艾瑟蔓向我解釋：

我與她是截然不同的人。她每天都穿套裝，做事情井然有序。她很清楚體制運作的方式，以及如何在體制內往上爬……我有一次穿著紫色外套、戴著紫色帽子走下車，她便一臉驚恐地看著我說：「我的老天，蘿拉，你看起來像是《綠野仙蹤》裡跑出來的角色。」我這種打扮讓她太震驚了。40

雖然艾瑟蔓與這位同事的關係非常緊繃，但是到了二〇一五年下旬，兩人的關係卻奇蹟似地好轉了。艾瑟蔓登上《紐約時報》科學版的頭條之後，她收到那位同事寄來的電子郵件：

我好喜歡《紐約時報》那篇關於你的文章，而且聽說你得了特殊貢獻獎，太了不起了！你為乳癌女性和加州大學舊金山分校所做的貢獻和成就，都讓我感到非常驕傲。你做到了那些我以為永遠辦不到的事情，恭喜你，也預祝你得到更多的成功！

有一句俗諺說：「成功者有很多父母，失敗者只能當孤兒。」這句話可以更精準地重新詮釋為：當你是個有權力又成功的人，你將會擁有比想像中多出許多的朋友；而一旦你失去權力，將會孑然一身。

再延伸一下前一個重點：因為人們會想辦法與有權力的人產生連結，所以一旦某人失去權力，不論是因為被驅逐、退休或自願辭職，想親近他的人數就會銳減。耶魯大學教授傑夫瑞・索納菲寫過一本獲獎肯定的著作《英雄道別》（*The Hero's Farewell*，暫譯），內容講述執行長在職涯的尾聲是否能夠從容地割捨權力。[41]他區分出四種類型的企業領袖：拒絕自願離開的君王、不甘願地離開並預計東山再起的將軍、從容離去的大使，以及離開後去追尋全新挑戰的總督。這本出版超過三十年的書，主要論點是高階主管的交棒經常困難重重，因為自詡為英雄的執行長通常會不願意放棄掌控「自己的」公司。隨著執行長的薪資水漲船高、各種額外福利大幅增加，這種不願意離開權力大位的現象有可能會越來越盛行。

留戀執行長這種權力大位的其中一個動機，就是他們明白自己一旦離開這個角色，其他人與自己產生連結的動機將會銳減，他們自己的地位和人格就會降低。我有一個朋友是某個大組織的前執行長，他當時也在另一個完全不同產業的大型企業擔任高階主管（但是並非頂層人物），現在則是在經營自己成立的新創公司。他之前寄了一封信給我：「希望你的體會不是這樣，但是我發現隨著年紀漸長，越難維持長久的友情，所以我很珍惜我們的友誼。」我相信他遇到的問題其實與年紀沒什麼關係，而是反映出離開地位高、權力大的角色，換到權力較低、對龐大資源的掌控度也較低的職位後，所面臨的人際互動問題。的確，許多人在別人失去權力後就對他們沒那麼有興趣了。

擁有權力的人可以書寫和創造歷史

擁有權力的人通常能接觸到各式各樣的資源，包括財務和社會資本，而這一類的資本確實能成為他們的權力來源。他們通常可以利用這些資源，以各式各樣的方法來「創造」歷史，洗白自己過去犯下的錯誤，或是將歷史重新詮釋成對自己有利的說法。掌權者自己撰寫歷史，就能強調生涯中最光輝燦爛的事蹟，打造出美好的形象，同時忽略那些會讓自己形象受到打擊的事件。如果他們成功讓自己的故事廣為流傳，那就會成為他們一生的「正版」故事，如此一來便能進一步鞏固手中的權力。

由於「書寫自己的歷史」對於創造和延續權力而言非常重要，所以做過這件事的人不勝枚舉，下頁表格7-1簡單列出了一些說出自己故事的領袖人物。

我在法則四提過，許多企業領袖和政治人物都靠著寫書來擦亮自己的招牌，而現在的人數大概又更多了。這只是一份非常簡略的商業自傳名單，顯示寫自傳這件事變得有多廣泛。

表格 7-1（非常）簡略的商業自傳主角名單

作者	公司
傑克・威爾許	奇異電器
李・艾科卡	克萊斯勒
亨利・福特	福特汽車
艾爾孚瑞德・史隆（Alfred Sloan）	通用汽車（General Motors）
安德魯・葛洛夫（Andrew Grove）	英特爾
馬可・班尼歐夫	Salesforce
小湯瑪斯・華森（Thomas J. Watson Jr.）	IBM
麥可・戴爾（Michael Dell）	戴爾電腦（Dell Computer）
麥可・艾斯納（Michael Eisner）	迪士尼
羅伯特・艾格（Robert Iger）	迪士尼
菲爾・奈特（Phil Knight）	耐吉（Nike）
玫琳凱・艾施（Mary Kay Ash）	玫琳凱（Mary Kay Cosmetics）
雷・克洛克（Ray Kroc）	麥當勞
大衛・普克（David Packard）	惠普科技
霍華德・舒茲（Howard Schultz）	星巴克
山姆・沃爾頓（Sam Walton）	沃爾瑪（Walmart）
里德・霍夫曼（Reid Hoffman）	領英（LinkedIn）
金・史考特（Kim Scott）	Dropbox
約翰・麥基（John Mackey）	全食超市（Whole Foods）
謝家華（Tony Hsieh）	Zappos
理查・布蘭森爵士（Sir Richard Branson）	維珍唱片（Virgin Records）、航空等
薩蒂亞・納德拉（Satya Nadella）	微軟
卡莉・菲奧莉娜	惠普科技
麥可・彭博（Michael Bloomberg）	彭博社
伊馮・喬伊納德（Yvon Chouinard）	巴塔哥尼亞公司（Patagonia）
蘇世民（Stephen Schwarzman）	黑石集團（Blackstone）
彼得・泰爾（Peter Thiel）	PayPal等
大衛・諾瓦克（David Novak）	百勝餐飲集團（Yum! Brands）
瑪莎・史都華	瑪莎史都華生活媒體公司（Martha Stewart Living Omnimedia）
傑森・福萊德（Jason Fried）	Basecamp
柏納德・馬可斯和亞瑟・布蘭克	家得寶（Home Depot）
楊安澤（Andrew Yang）	Manhattan Prep（備考服務公司）執行長、總統和市長參選人
肯恩・蘭格恩（Ken Langone）	創業投資人、家得寶重要投資人
梅格・惠特曼（Meg Whitman）	eBay

自己創造敘事然後不斷講述，直到敘事成為現實，這樣的能力可以幫助人們保有權力。事實是創業投資家、其他投資人，甚至員工和顧客，都喜歡企業美好的創業神話，而這種故事通常只會提升其中一位企業家的地位，把其他同事排除在外。只要他們的故事可以「大賣」、可以啟發人心，其中含有一點真實，讀者就不會在意是否全部屬實了。讀者有興趣的是主角的遠見、敘事，可以有效吸引投資、顧客和員工的故事，而不是完全符合現實的故事。因此，早一點說出自己的故事，通常便能夠充滿說服力地創造「現實」，幫助掌權者延續權力，不論實際上發生了多少不利的事情。

傑克·多西的案例貼切地闡述了這種過程。正如同科技記者尼克·比爾頓（Nick Bilton）的精心報導[42]，多西對於創辦推特公司的貢獻良多，卻不是主要的概念發想者，艾凡·威廉斯（Evan Williams）創辦前身Odeo公司時，多西也不在。多西雖然成為推特的執行長，卻不是一位很好的主管，因而被迫離開公司。接下來發生的事非常符合本章節的主旨，也就是成功（或者說成功的假象）可以讓一切變得合理，然後重新塑造形象：

當多西在推特公司的權力盡失後，他利用媒體宣傳他和威廉斯的角色互換了，也開始公開講述更多創辦推特公司的細節。多西在幾十次訪問中，完全抹煞了概念發想始祖諾亞・格拉斯（Noah Glass）的存在，隻字未提他參與了推特公司的創立。他將自己在推特上的自我介紹改為「發明家」，不久後也開始把威廉斯和史東排除在外。有一次多西向記者芭芭拉・華特斯（Barbara Walters）提到自己創辦推特，她隔天就在脫口秀節目《觀點》（*The View*）提起這件事……多西告訴《洛杉磯時報》：「從各種層面來說，推特都是我畢生的心血。」

他也沒有提到格拉斯對於公司的重要貢獻……隨著時間推移，多西的故事不斷演變……多西開始為自己打造史帝夫・賈伯斯的形象……穿著極簡服裝：迪奧的白色正裝襯衫、藍色牛仔褲和黑色西裝外套……矽谷大部分的公司都發生過類似推特的故事：公司共同創辦人一定是朋友，而且通常都是主要的發想人被另一個更貪婪的創辦人踢出公司。誠如一名前推特公司員工所說：「傑克・多西做過最偉大的產品，就是傑克・多西本人。」[43]

而現在身價數十億的傑克・多西，將自己編造的故事活成了現實。這個時候，也許除了幾名記者和教授之外，完全沒有人真的在乎推特真正的起源，或傑克・多西改頭換面的過程。掌權者可以書寫歷史，以此延續自身的權力、鞏固權力的基礎。

萬物皆可賣——連尊敬也是

流行樂天后瑪丹娜（Madonna）說得太有道理了：「我們住在物質世界。」在這樣的物質世界裡，不是只有瑪丹娜歌詞裡唱的「情誼」可以賣，而是幾乎萬物皆可賣。或者換個說法，生活中大部分的東西，包括社交生活，都比我們想像中更像是一樁樁買賣。

權力通常與財富有關聯，但是即使沒有財富，還是可以利用與權力相關的地位和名望來產生財富。那些資源可以做為禮物，贈送給名聲響亮、地位又高的非營利組織，來「購買」社會地位和合法性。名字出現在合法又有地位的組織中，或者與組織有所關聯，都能幫助捐贈者得到尊敬與體面。「以個人名義捐款」毫不意外地成為富人經常採取的策略，確保自己獲得有利的名聲，讓別人忽略或遺忘自己的不當行為。

接下來我將引用一篇《紐約客》的文章，內容提到慈善如何作為犯錯者的遮醜布或補償，並且以比爾．寇斯比（Bill Cosby）和哈維．溫斯坦作為例子：

> 有一派觀點認為，慈善可以作為某種贖罪機制。發現自己做錯事的人會想辦法做出同等的好事，為自己積一點陰德……我們意識到那個創立年度國際和平獎項的男人

（諾貝爾），其實是靠著販賣炸藥和戰爭彈藥補給而日進斗金。許多優秀品牌的名稱都是為了紀念某個人物，但是那些人物的性格或財富，卻與道德上有瑕疵的行為脫不了關係。[44]

現在回頭看看本章節稍早時提過的一些人，看他們如何利用慈善捐款來改善自己的形象。根據麥克・米爾肯的發言人所說，他捐贈了超過十億美元給醫療研究、教育和其他單位。二〇一四年，「喬治華盛頓大學將公共衛生學院改名為米爾肯公共衛生研究中心（Public Health the Milken Institute School of Public Health）」。[45]瑪莎・史都華榮獲《網路醫學期刊》（*WebMD*）的二〇一四年人民選擇獎（People's Choice），「並且捐款五百萬美元，在紐約西奈山醫院成立瑪莎史都華健康生活中心（Martha Stewart Center for Living）」，給予長者所需的高品質健康照護。[46]

伊莉莎白・霍姆斯則是在帕羅奧圖為希拉蕊・柯林頓於二〇一六年的總統競選活動募款。不論是溫尼克夫人的母校雪城大學（Syracuse University），或是溫尼克先生的母校長島大學，夫妻兩人都是學校重要的捐款人。溫尼克夫婦還捐款給洛杉磯的溫尼克兒童動物園（Winnick Children's Zoo）、雪城大學的溫尼克希列中心（Winnick Hillel House）、紐約現代藝術博物館溫尼克會議廳（Winnick Board Room），還有耶路撒冷西蒙・維森塔爾中心的溫尼克國際會議中心（Winnick International Conference Center of the Simon Wiesenthal Center），這些只是他捐贈過的眾多慈善機構的冰山一角。[47]

權力的一些啟示

美式足球隊綠灣包裝工（Green Bay Packers）的傳奇教頭文斯・隆巴迪（Vince Lombardi）說過一句名言：「勝利不是一切，而是唯一重要的事情。」不過洛杉磯加州大學美式足球教練亨利・「紅衣」・山德斯（Henry "Red" Sanders）似乎才是這句名言的創始人。[48]不管是隆巴迪或山德斯，還是其他說過類似言論的人，都強調勝利才是最要緊的事。不過，我們還可以從另一個方向詮釋這句話。勝利（以本書來說就是攀上權力大位）之所以是「唯一重要的事」，是因為勝利還有隨之而來的權力、地位和財富，讓大部分的事情都變得不重要或不相關了。

這不表示掌權者就不會跌落神壇，但是他們有能力與地位較高的組織保持連結，也能確保當他們的故事傳播出去時，可以有效擦亮自己的招牌，再加上一致效應的推波助瀾，讓人們會想辦法合理化和推崇掌權者的行為，因此權力可以讓權力自行延續下去。

權力幾乎可以說是唯一一個同時存在著「自我延續」和「自我確認」的社會領域，自我實現預言的概念可以有效地解釋許多現象。而權力可以提供掌權者一定程度的保護，這一點對那些企圖打倒掌權者的人而言非常重要，正在思考如何和**想要**建立權力的人也務必了解這一點。簡而言之，你一旦取得權力就很難失去，原因正是我在本章節講述的那些過程。因為人們渴望認知一致、渴望接近有權力的人，他們就會依據這兩種渴望建構你的故事，於是你在取得權力的過程中做過的事情，大多數會得到原諒或被人遺忘。

尾聲　邁向權力之路

正如我與同事鮑勃．薩頓在《知行落差》（*The Knowing-Doing Gap*，暫譯）一書中所說[1]，知識也許很有用處，但是沒有化為行動的知識可說是毫無價值。這個道理也能套用在權力上：唯有將知識轉化為行動，而且經常實踐，你對於權力法則的知識才能帶來優勢。除此之外，實踐知識可以促進你從經驗中學習，就像是練習一樣，行動可以讓知識化為日常行為的一部分，進而延長知識存在的時間。因此，我想在本書最後提供一些建議，告訴各位如何將權力法則的知識轉化為行動，開拓邁向權力的道路。

第一項建議：學習與權力有關的知識，再一遍一遍地重新學習，因為這些教材看似容易理解，實際執行卻是困難得多，這正是所謂的「知易行難」。

我在幾年前認識了潘睿哲（Rajiv Pant），他當時是《紐約時報》的科技長。潘睿哲後來到Thrive公司為亞莉安娜・赫芬頓（Arianna Huffington）工作，接著在《華爾街日報》擔任產品與科技長，最近加入了赫斯特集團（Hearst Corporation）。一開始，是他先用電子郵件聯絡我。

我問他：「你從哪裡找到我的聯絡方式？」

他回覆：「透過你的書《權力》。」[2]

潘睿哲又怎麼會去看那本書呢？他曾在康泰納仕集團（Condé Nast Publications）的資訊科技部門工作，在一場政治鬥爭中徹底敗給技高一籌的競爭對手。潘睿哲知道自己必須離開公司，才能再次展開他的職業生涯。他決定坦然面對自己的失敗，與打敗自己的人好聚好散。他走進昔日對手（現在是頂頭上司）的辦公室，與對方來一場最後的長談，就在那時候看見對方的書架上擺著我寫的《權力》這本書。所以潘睿哲決定也去買一本來讀讀。他告訴我，讀完這本書之後，他終於知道自己身上發生了什麼。

潘睿哲下定決心不要重蹈覆轍，因此買了三個版本的《權力》：有聲書、Kindle電子書和紙本書。為什麼要買三本一模一樣的書呢？他告訴我原因：「你要我們做的事情很不自然，也違背父母和老師從小到大教導我們的道理。你教導的道理，也不同於領導力訓練課程和書籍中那些常見、但是大多很沒用的道理，他們大多是說人們希望社交世界怎麼運作，而不是用經驗法則解釋哪些作法可以實際建立權力和完成工作。」正如同馬基維利的著作所言，再加上對人類行為社會科學的理解，還有某個人曾告訴我的一句箴言：「擔任領袖不是道德追求。」最重要的是讓事情實際發生。

做那些不自然、甚至某些程度上有違傳統共識的行為，需要時時受人提醒以及持續不斷的警覺。因為從字面上來看，「不自然」的行為就表示不會自然而然發生，所以很難實際執行，需要刻意地思考和注意才能做得出來。

沒錯，潘睿哲的分析可以告訴我們一些重要的道理。這是一個充滿階級的世界，頂端的位置比底部少很多，不論是職業運動、大學、公司、政治組織或學區都是如此。在這個必須不斷競爭才能步步高升的階級世界，展現權力的能力會隨著職涯進展而變得越來越重要，因為其他可以區分每個人的因素，例如才智或技能，會隨著階級往上升而變得越來越相等。到了某個層級，所有人都一樣聰明，也都具備幾乎一樣的技巧和知識。如果取得和運用權力是很簡單或自然的事情，就不會成為如此重要的區分標準，可以用來判斷一個人爬上高位或達成目標的能力。如果幾乎所有人都能簡單又輕鬆地實踐權力法則，就幾乎沒人可以擁有優勢了。

這本書教導的內容和原則對許多人而言一點都不自然，實踐起來既不直覺也不簡單，所以個中道理十分明顯。你需要別人的幫忙來思考以及在生活中運用權力七大法則，我接下來要教各位如何辦到。

聘請個人教練

我將線上及實體課程中合作過的對象，都記錄在一張名單上。這些人十分了解我想傳達的理念，也擁有絕佳的訓練技巧。只要有人問我：主管教練課程的資源該去哪裡找，我就會給他們這張名單。當然，人們可以自由挑選自己中意的高階主管教練，我推薦人選也沒有收取佣金，但是請你務必謹慎挑選。要挑選一個可以與你共鳴、讓你學習的對象，最重要的是不要選一個只會請你喝茶和擁有同理心的人，而是一個能幫助你反思自己錯誤的人，你才不會重蹈覆轍。以下的例子就是我認為非常糟糕的建議。

我有一次吃午餐時，對面坐著一位天賦異稟的麻省理工學院工程師，她與別人共同創立的公司後來賣給了Google，不過她的合夥人早在出售公司之前就把她踢出公司了。之所以如此猝不及防地將她踢出公司，是因為他們聘請了一位才華洋溢又能夠創造價值的行銷主管，而這個人在接受聘雇的前一刻才告訴她的共同創辦人，自己沒辦法與女性共事，更別說是在女性手下工作。

我看著那名女性，詢問她當時做了什麼。她說雖然自己心裡非常難受，還是為了顧全公司的大局而離開。她後來把這件事告訴自己的主管教練，他的回應則是指控行銷主管是性別歧視的沙豬，痛批她的合夥人也是非常背信忘義的傢伙。

「教練還說了什麼呢？」我問她。她回答：「什麼都沒有。」她的教練只是在一場悲劇發生後給予她傾聽的同理心和情感上的支持。

我當下立刻告訴她：「開除你的教練。」為什麼呢？因為儘管教練對於共同創辦人和行銷主管的評論屬實，卻完全無法幫助她理解：她也是害自己失去權力的幫兇。

我問她：「你真的確定那個行銷主管的意思是他不想與你共事，或不想為你工作嗎？」她說不確定，她沒想過共同創辦人會不會是為了將她踢出公司而編造謊言，也沒想過如果拒絕聘請那名行銷主管，他會不會為了拿到這份工作而改變心意。她不相信共同創辦人會為了趕走她而編造這種故事。

我接著問她：「如果情勢扭轉，換成他因為公司要招募重要的主管人才而不得不離開，他會怎麼做呢？」她告訴我，他也許不會離開。

我的表情透露了我的想法：你心中其實很清楚，或者說強烈懷疑他不會為了你做出同樣的事情，你為什麼還願意犧牲自己？而且那是你與別人一起創立的公司，你為公司增加那麼多價值，怎麼會不了解迫使你離開公司的實際情況為何？

她一臉震驚地看著我，對我居然「指責受害者」抱怨連連。我說我不會用「指責」這個詞，雖然她遭遇的事情確實令人髮指，她還是無法控制傷害她的人，也無法控制其他可能有相同觀點和行為的人。我們學到的教訓是：只有她自己的行為可以完全掌握在她自己手中。因此，她必須釐清自己該怎麼做出改變。

我繼續說：「很不幸的是，這種情況很有可能會再次出現。你不需要教練來給你同情心，而是需要教練來幫助你在心理上和策略上準備萬全，在未來以更有效率的方式應對這種事情——至少要堅守自己的立場。」

這個故事的意涵在於：一個好的教練可以妥善而有建設性、同時又不失嚴厲地將你推出舒適圈，讓你好好思考**自己的**選擇和**自己的**行動，因為這是你唯一可以掌控的事情，唯有如此你才能在權力的鬥爭中占上風。沒錯，這個世界有時候很殘忍、很不公平。正如同我經常告訴學生的，如果你有一天感到筋疲力盡，很有可能是最靠近你的那些人造成的，因為他們既有動機也有機會，就像是那位女士的公司共同創辦人。莎士比亞戲劇中的凱撒大帝是受誰背叛？布魯圖斯，「凱撒的朋友，也是個正人君子。」[3]所以你一定要做好萬全準備，不公平的壞事發生時，你才不會措手不及，而是可以有效、有策略、盡可能波瀾不驚地應對。

成立個人董事會

一個運作正常的好董事會該為公司做出什麼貢獻？應該提供新的觀點、不同的資訊，最好的情況是能夠讓領導團隊為結果負責。這也許正是你所需要的：找大概三到四個從事不同行業的人，這樣就與你完全沒有競爭關係。他們不必聚在一起開團體會議，他們的工作是讓你為自己設立的目標負責，提供你不同的資訊和觀點，以及你無法取得的聯絡管道，還可以多少扮演個人教練的角色。人們通常都很願意做這件事，原因正如同法則二討論過尋求協助的話題，人們喜歡幫得上忙的感覺，十分樂於提供建議和協助。

成立「權力集團」或籌辦「權力午宴」

過去幾年，我課堂上好幾群女學生都決定在上課期間固定碰面，有些人甚至在畢業後還有固定聯絡。活動背後的意義，就是與處境相似卻不是競爭對手的人腦力激盪，思考我這本書和大部分課程的內容，了解如何在特定情況下將這些想法轉化為特定行為。研究顯示，與其他人一起腦力激盪，是激發新點子和相互學習的好方法，[4]腦力激盪的過程也可以幫助你更有效率地運用權力。每個星期一起吃一次午餐（或晚餐）是為了保持這股動能，得到社會助長的益處，所謂的社會助長就是指：人們在其他人面前會表現得更好、更積極[5]。除此之外還能得到社會支持，即使面對的是組織政治這種棘手的議題，還是可以擁有愉快的社交互動經驗。

我以前的學生塔瑪爾．尼斯貝特（Tamar Nisbett）是一位黑人女性，現在從事金融業，她告訴我她們的「權力集團」是怎麼從二〇二〇年開始的。她和幾名同學開始在課堂上進行一些嘗試，結果非常成功。一位前一年來修課的同學曾經分享她怎麼開始經營「權力午宴」，尼斯貝特便主動聯絡她，想知道她是怎麼辦到的。尼斯貝特和同學瑪塔．米爾寇斯卡（Marta Milkowska）接著邀請另外六名女性加入：

> 所以我們就有八個人了，大部分都是上過課的同學，因為這是我們首次嘗試。我們決定試行八個星期，挑選書中最喜歡或覺得最有挑戰的章節，訂為每個星期的主題。我們這群女生選在每個星期一共進午餐，討論各個星期的主題，看看我們是否需要幫助。我覺得這個方法真的很棒，因為我們一群優秀的女性每個星期都在開口求助，我們都不曾做過這樣的事情。我們每個星期都會回報自己的進度，讓其他知道這些事情的人給予我們鼓勵。這個活動到下一個學季依然繼續推行。我和瑪塔目前在幫助三組MBA學生、三組史丹佛商學研究所女性校友，還有三組非史丹佛商研所的MBA女學生試辦

這項活動。我們目前也在架設網站和教育平台，幫助大家自行上網學習。這個活動讓我們感覺很有權力，我們希望其他女性也有機會能組成類似的團體，讓她們不再害怕開口求助。

你就算不是MBA或是史丹佛的學生，你甚至不一定是女性，也不一定要住在美國，都還是可以跟她們做一樣的事情。與其他人討論想法，尤其是困難或充滿挑戰的想法，這是人人皆可享有的權力，從分享經驗和尋求幫助中得到的收穫，也是人人皆能享有的。

擬定清單

列出你想做的事情、想學的事情，還有你需要見的人。行銷專家、演講者和暢銷書作家啟斯·法拉利告訴我的學生：「我一直都會把自己想完成的事情列成清單。」清單可以讓你清楚自己想達成的特定目標，以及達成目標所需的步驟。相關的長期研究證實：設立目標，尤其是特定而且具有野心的目標，可以有效增加達成目標的可能性，也可以提升你的整體表現。[6]

如果運用權力對你而言不是自然的事情，就多加練習。我有個朋友以前是職業高爾夫球選手，他告訴我，揮桿的動作並不自然，所以必須靠著不斷練習才能掌握並維持揮桿動作的流暢。想要長肌肉的話就必須不斷地練習與使用，而增加「權力的肌肉」也一樣，必須仰賴練習與使用。

這其實沒有很困難，想想看誰能幫助你，然後主動聯絡他們，練習第五法則的概念。發想一套簡潔有力的說詞介紹你自己，並說明為什麼只有你有資格做這件事情，以此來建立強而有力的個人品牌，也就是第四法則的主旨。遵循第三法則，了解並實踐透過臉部表情、肢體語言和詞彙表達權力的方法，用行動和言談展現自己的權力。不要卻步不前，不要過度擔心別人對你的看法，不要成為自己的阻礙，這是權力的第一法則。明智地運用自己的權力策略和戰略，靠著打破規則來驚豔他人，這是權力的第二法則。隨著你在深思熟慮、不斷反思的練習中慢慢學習，就能在相對較短的時間內看到將權力相關知識轉化為行動的成果。

把這本書教導你的原則和資訊牢牢記在心裡。你可以把整本書一讀再讀，通勤的時候聽有聲書，與朋友討論，或者學習更多關於權力學的知識，Google學術搜尋（scholar.google.com）功能讓你得以接觸到全世界的研究資料（至少能查到研究摘要）。與其臆測一些想法（例如保持和藹可親對於爭取晉升究竟是優勢還是劣勢），或者仰賴沒有證據的偏門歪道，甚至是相信網路上的討論，或者輕信某個企業領袖在（通常是別人代筆的）自我推銷的自傳中說過的杜撰之詞，不如好好地查一查資料，了解事實。知識就是力量，在現今的世界，知識其實就掌握在你的指尖，一點一按就能取得。取得知識，然後活用知識。

如果你必須做出不自然，甚至讓你感到不自在的事情，就開口尋求幫助。持續去做能夠幫助自己將重點牢記於心、堅守自己的目標與原則的事情，這樣才能夠「改變人生、改變組織和改變世界」。

我祝福各位在邁向權力的路上一路順風、一切好運。運氣和權力其實沒有什麼關係，所以我祝福各位如願得到你所追求的權力。

致謝

寫書是非常需要許多人共同努力的事情，即使是獨自撰寫的書亦然。我的職業生涯可謂是受到上天眷顧，這麼說一點也不誇大其詞，因為我有幸與許多不同凡響的同事一同完成研究，就算不是一起研究的同仁，他們也提供我不少見解與啟發，還給了我很有建設性的評論與挑戰，讓我的文字與想法越來越好。他們所有人都豐富了我的人生，以及我的作品。我在此特別感謝卡麥隆．安德森、彼得．貝米、達娜．卡尼、羅伯特．席爾迪尼、黛博拉．葛倫費德、已故的胡賽因．勒布雷比奇（Huseyin Leblebici）、威廉．摩爾（William Moore）、查爾斯．歐萊利（Charles A. O'Reilly）、已故的傑瑞德．塞蘭尼克和鮑勃．薩頓，他們對我的權力學教學與研究助益良多。

我誠摯感謝多年來與我分享故事的人們，尤其感激那些允許我把他們的名字寫出來的人。他們有一些是我課堂上的學生，有一些是我筆下案例的主人翁，我永遠感謝他們所有人。感謝路凱雅・亞當斯、傑森・卡拉卡尼斯、紐莉亞・秦奇亞、愛麗森・戴維斯布雷克、蘿拉・艾瑟蔓、薩迪克・吉拉尼、已故的約翰・雅各斯、塔迪亞・詹姆斯、強・列維、劉黛博拉、蓋瑞・拉夫曼、潘睿哲、傑夫瑞・索納菲、克莉絲汀娜・崔伊提諾、羅斯・沃克和崔斯坦・沃克。

我之所以能檢驗與權力學相關的教材與想法，還有對於主管階層聽眾的影響力，全要感謝史丹佛同仁的邀請，包括比爾・巴奈特（Bill Barnett）、彼得・德瑪佐（Peter DeMarzo）、朱柏章、譚志明、布萊恩・羅爾瑞（Brian Lowery）、查爾斯・歐萊利、巴巴・希夫和拉瑞莎・蒂登絲等人。

我多年來在ＩＥＳＥ商學院的學程教授權力學，該學程是由我的好友和同事法布里奇歐・斐拉羅（Fabrizio Ferraro）設計與主導。能夠與法布里奇歐和他重要的伴侶蘿拉共度時光，真是最美好的禮物。我之所以能在ＩＥＳＥ教書，是因為我一開始認識的院長裘第・卡納爾斯（Jordi Canals）和繼任院長法蘭茲・赫伊坎普（Franz Heukamp），他們在各方各面都讓我和妻子凱瑟琳覺得賓至如歸。我非常珍惜在ＩＥＳＥ擔任客座教授的時光，還有在博科尼大學（Bocconi University）的日子，我在那裡和馬可・托托里艾羅（Marco

Tortoriello）進行了短期的「完工」（Getting Things Done）計畫。

幾年前，我決定在「邁向權力之路」課程中提供更多回饋與主管訓練。在課堂上與我合作的六名教練讓學生獲益良多，他們給予的見解和建議讓我的課程以及教學經驗更加出色、更加愉快，他們的貢獻難以計算。感謝蘿倫・卡皮塔尼（Lauren Capitani）、強納森・戴夫斯、茵寶・德姆利、拉凱兒・岡薩雷茲・達茅（Raquel Gonzalez Dalmau）、菲利普・瑪哈比爾（Phillip Mohabir）和凱文・威廉斯（Kevin Williams）。還有麥可・溫德羅斯（Michael Wenderoth），他從一開始就是配合線上課程。

對於史丹佛商學院的鼎力相助，我沒有一刻認為那是理所當然，我由衷感激學校支持我聘請這些優秀的教練，也感謝幫助我完成研究的所有人。我十分珍惜學校給我寫書和開發課程的時間，這裡是全世界最棒的商學院。我超過四十年的職業生涯絕對是獨一無二。

與我合作多年的經紀人克莉絲蒂・弗萊徹（Christy Fletcher），一如往常提供我助益良多又實用的引導、建議和支持，幫助我順利完成這本著作。與BenBella Books的編輯麥特・霍特（Matt Holt）和他的同事合作非常愉快，他們幫助我讓這本書變得更好，也在行銷和配銷方面出了不少心力。

當然，少不了永遠陪伴著我的凱瑟琳，一九八五年一月十九日，我們在舊金山戰爭紀念歌劇院綠廳（Green Room of the War Memorial Opera House）舉辦的派對上相識，一九八六年七月二十三日結婚。她總是說沒有一個演算法會讓我們配對。

二〇二〇年八月二十七日下午一點，我們家的電話鈴聲響起，電話那一端是家庭牙醫診所的員工，他說凱瑟琳一拐一拐地來看診。凱瑟琳的生活方式向來十分健康，而且外貌比實際年齡年輕幾十歲，因此她從來不覺得身體會出什麼毛病，所以她沒有去醫院，反而是開車到牙醫診所。打電話來的人說，凱瑟琳右半邊的身體很虛弱，可能沒辦法開車回家。沒想到，我們就此踏上這一條以悲劇收場的漫漫長路。

凱瑟琳中風了，神經科醫師說不嚴重，但是病變出現在腦部非常、非常不理想的位置。她的顏面神經、聲音、吞嚥能力和外表，還有表達意見和指令的能力都沒有受到影響，但是她的右臂和右腿變得異常衰弱，萬一發生最不樂觀的情況，她將會無法依靠自己的力量移動、洗澡和照顧自己。隔年，我們聘請了全年無休的居家看護，還向無數位物理治療師、職能治療師、個人訓練師和按摩治療師求診，幫助她回復自主生活的能力，減輕她的痛苦，我們的親朋好友更是源源不絕地送來鮮花和食物，他們的祝福和禱告對我們而言非常重要、非常窩心。

後來，凱瑟琳住進舊金山加州太平洋醫療中心戴維斯院區（California Pacific Medical

Center — Davies Campus）的急性復健中心，因為正值新冠肺炎疫情爆發期間，我隔了幾天才能去探望她。我終於見到她之後，注視著她美麗的笑容，我告訴她，我們在舞會初識迄今已超過三十五年，我最大的心願就是她能夠完全康復，我們就能再跳一支舞，再跳最後一支舞。我也告訴她，如果她想離開這個世界，我不會阻止她。

差不多一年後的二〇二一年九月十日，她仍舊沒有完全康復，自主生活能力有限，凱瑟琳回到我們初識時她住的房子，走完人生的最後一段路。她在九月十一日過世，而且就在她展開復健的同一間醫院。

我無從表達自己寫下這些文字時是多麼悲傷、多麼心碎。凱瑟琳·法蘭西絲·佛勒是我的家人、我的摯友、我的愛人、我的妻子，我的世界圍繞著她打轉。一如我先前的著作，這本書也獻給她，致她對我而言的非凡意義，致我們攜手多年來她給我如此美妙的愛。她曾說她相信我們前世就在一起，來世注定將再相會。希望她說得沒錯，因為我們還來不及跳最後一支舞。我會永遠愛她。

注釋

序

1. Jeffrey Pfeffer, *Power in Organizations,* Marshfield, MA: Pitman, 1981;Jeffrey Pfeffer, *Managing with Power: Politics and Influence in Organizations*, Boston: Harvard Business School Press, 1992; Jeffrey Pfeffer, *Power: Why Some People Have It—and Others Don't*, New York: Harper Business, 2010.
2. Jeffrey Pfeffer, *Leadership BS: Fixing Workplace and Careers One Truth at a Time,* New York: Harper Business, 2015.
3. George A. Miller (1956), "The Magical Number Seven, Plus or Minus Two: Some Limits on Our Capacity for Processing Information," *Psychological Review, 63* (2), 81–97; quote is from p. 81.
4. T. L. Saaty and M. S. Ozdemir (2003), "Why the Magic Number Seven Plus or Minus Two," *Mathematical and Computer Modelling, 38* (3–4), 233–244; quote is from p. 233.
5. Michael Marmot, *The Status Syndrome: How Social Standing Affects Our Health and Longevity,* New York: Times Books, 2004.
6. Y. Kifer, D. Heller, W. Q. E. Perunovic, and A. D. Galinsky (2003), "The Good Life of the Powerful: The Experience of Power and Authenticity Enhances Subjective Well-Being," *Psychological Science, 24* (3), 280–288.
7. Moses Naim, *The End of Power: From Boardrooms to Battlefields and Churches to States, Why Being in Charge Isn't What It Used to Be*, New York: Basic Books, 2014.

8. Steven Poole, "Why Would Mark Zuckerberg Recommend the End of Power?" *The Guardian,* January 8, 2015.
9. Kara Swisher, "Zuckerberg's Free Speech Bubble," *New York Times,* June 3, 2020. https://nyti.ms/2XsVM9a.
10. David Dayen, "The New Economic Concentration: The Competition That Justifies Capitalism Is Being Destroyed—by Capitalists," *American Prospect,* January 16, 2019. https://prospect.org/power/new-economic-concentration/.
11. Jeremy Heimans and Henry Timms, *New Power: How Power Works in Our Hyperconnected World—and How to Make It Work for You*, New York: Doubleday, 2018.
12. Ben Smith, "News Sites Risk Wrath of Autocrats," *New York Times,* July 13, 2020.
13. "Global Democracy Has Another Bad Year," *The Economist*, January 22, 2020. https://www.economist.com/graphic-detail/2020/01/22/global-democracy-has-another-bad-year.
14. Cato Institute, *The Human Freedom Index 2020*. https://www.cato.org/human-freedom-index-new.
15. Glenn Kessler, Salvador Rizzo, and Meg Kelly, *Donald Trump and His Assault on Truth: The President's Falsehoods, Misleading Claims and Flat-Out Lies,* New York: Scribner, 2020.
16. Frank Dikotter, *How to Be a Dictator: The Cult of Personality in the Twentieth Century,* New York: Bloomsbury, 2019.
17. J. M. Fenster, *Cheaters Always Win: The Story of America,* New York: Twelve, 2019.
18. Deborah L. Rhode, *Cheating: Ethics in Everyday Life*, New York: Oxford University Press, 2018.
19. Matthew Hutson, "Life Isn't Fair," *The Atlantic,* June 2016. https://www.theatlantic.com/magazine/archive/2016/06/life-isnt-fair/480741/.
20. Murray Edelman, *The Symbolic Uses of Politics,* Urbana: University of Illinois Press, 1964.

前言

1. Martin J. Smith, "Rukaiyah Adams, MBA '08, Chief Investment Officer, Meyer Memorial Trust," Stanford Graduate School of Business, May 9, 2019. https://gsb.stanford.edu/programs/mba/alumni-community/voices/rukaiyah-adams.

2. Sarah Lyons-Padilla, Hazel Rose Markus, Ashby Monk, Sid Radhakrishna, Radhika Shah, Norris A. "Daryn" Dodson IV, and Jennifer L. Eberhardt, "Race Influences Professional Investors' Financial Judgments," *Proceedings of the National Academy of Sciences, 116* (35), 17225–17230. https://www.pnas.org/cgi/doi/10.1073/pnas.1822052116.
3. *Los Angeles Times,* "John Jacobs; Columnist, Award-Winning Author,"May 25, 2000. https://www.latimes.com/archives/la-xpm-2000-may-25-me-33886-story.html.
4. Tim Reiterman and John Jacobs, *Raven: The Untold Story of the Rev. Jim Jones and His People*, New York: E. P. Dutton, 1985.
5. Mark A. Whatley, Matthew Webster, Richard H. Smith, and Adele Rhodes (1999), "The Effect of a Favor on Public and Private Compliance: How Internalized Is the Norm of Reciprocity?" *Basic and Applied Social Psychology, 21* (3), 251–259.
6. Reiterman and Jacobs, *Raven*, particularly chapter twenty-eight, "San Francisco in Thrall."
7. Charles A. O'Reilly and Jennifer A. Chatman (2020), "Transformational Leader or Narcissist? How Grandiose Narcissists Can Create and Destroy Organizations and Institutions," *California Management Review, 62* (3), 5–27.
8. Bella M. DePaulo, Deborah A. Kashy, Susan E. Kirkendol, Melissa M. Wyer, and Jennifer A. Epstein (1996), "Lying in Everyday Life," *Journal of Personality and Social Psychology, 70* (5), 979–995.
9. Elizabeth Prior Jonson, Linda McGuire, and Brian Cooper (2016),"Does Teaching Ethics Do Any Good?" *Education + Training, 58* (4), 439–454.
10. Aditya Simha, Josh P. Armstrong, and Joseph F. Albert (2012), "Attitudes and Behaviors of Academic Dishonesty and Cheating—Do Ethics Education and Ethics Training Affect Either Attitudes or Behaviors?" *Journal of Business Ethics Education, 9*, 129–144.
11. James Weber (1990), "Measuring the Impact of Teaching Ethics to Future Managers: A Review, Assessment, and Recommendations,"*Journal of Business Ethics, 9*, 183–190.
12. Christian Hauser (2020), "From Preaching to Behavior Change: Fostering Ethics and Compliance Learning in the

Workplace," *Journal of Business Ethics, 162*, 835–855; quote is from p. 836.

13. Frank Martela (2015), "Fallible Inquiry with Ethical Ends-in-View: A Pragmatist Philosophy of Science for Organizational Research,"*Organization Studies, 36* (4), 537–563.
14. Columbia 250, "Robert Moses," accessed September 16, 2021. https://c250.columbia.edu/c250_celebrates/remarkable_columbians/robert_moses.html.
15. Yona Kifer, Daniel Heller, Wei Qi, Elaine Perunovic, and Adam D. Galinsky (2013), "The Good Life of the Powerful: The Experience of Power and Authenticity Enhances Subjective Well-Being," *Psychological Science, 24* (3), 280–288.
16. Kifer et al., "The Good Life of the Powerful," p. 283.
17. Gerlad R. Ferris, Pamela L. Perrewe, B. Parker Ellen III, Charn P. Mcallister, and Darren C. Treadway, *Political Skill at Work*, Boston: Nicholas Brealey Publishing, 2020; quote is from p. 15.
18. Ferris et al., *Political Skill at Work*, p. 27.
19. Samuel Y. Todd, Kenneth J. Harris, Ranida B. Harris, and Anthony R. Wheeler (2009), "Career Success Implications of Political Skill," *Journal of Social Psychology, 149* (3), 179–204.
20. Gerhard Blickle, Katharina Oerder, and James K. Summers (2010), "The Impact of Political Skill on Career Success of Employees' Representatives,"*Journal of Vocational Behavior, 77* (3), 383–390.
21. Kathleen K. Ahearn, Gerald R. Ferris, Wayne A. Hochwarter, Caesar Douglas, and Anthony Ammeter (2004), "Leader Political Skill and Team Performance," *Journal of Management, 30* (3), 309–327.
22. Timothy P. Munyon, James K. Summers, Katina M. Thompson, and Gerald R. Ferris (2013), "Political Skill and Work Outcomes: A Theoretical Extension, Meta-Analytic Investigation, and Agenda for the Future," *Personnel Psychology, 68*, 143–184.
23. Li-Qun Wei, Flora F. T. Chiang, and Long-Zeng Wu (2010), "Developing and Utilizing Network Resources: Roles of Political Skill," *Journal of Management Studies, 49* (2), 381–402.

24. Kenneth J. Harris, K. Michel Kacmer, Suzanne Zivnuska, and Jason D. Shaw (2007), "The Impact of Political Skill on Impression Management Effectiveness," *Journal of Applied Psychology, 92* (1), 278–285.

25. Darren C. Treadway, Gerald R. Ferris, Allison B. Duke, Garry L. Adams, and Jason B. Thatcher (2007), "The Moderating Role of Subordinate Political Skill on Supervisors' Impressions of Subordinate Ingratiation and Ratings of Subordinate Interpersonal Facilitation,"*Journal of Applied Psychology, 92* (3), 848–855.

26. Li-Qun Wei, Jun Liu, Yuan-Yi Chen, and Long-Zeng Wu (2010), "Political Skill, Supervisor-Subordinate *Guanxi* and Career Prospects in Chinese Firms," *Journal of Management Studies, 47* (3), 437–454.

27. Pamela L. Perrewe, Gerald R. Ferris, Dwight D. Frink, and William P. Anthony (2000), "Political Skill: An Antidote for Workplace Stressors,"*Academy of Management Perspectives, 14* (3), 115–123.

28. Cameron Anderson, Daron L. Sharps, Christopher J. Soto, and Oliver P. John (2020), "People with Disagreeable Personalities (Selfish, Combative, and Manipulative) Do Not Have an Advantage in Pursuing Power at Work," *Proceedings of the National Academy of Science, 117* (37), 22780–22786. https://www.pnas.org/cgi/doi/10.1073/pnas.2005088117.

29. Jodi L. Short (1999), "Killing the Messenger: The Use of Nondisclosure Agreements to Silence Whistleblowers," *University of Pittsburgh Law Review, 60,* 1207–1234.

30. Dennis E. Clayson (2009), "Student Evaluations of Teaching: Are They Related to What Students Learn?" *Journal of Marketing Education, 31* (1), 16–30.

31. Bart De Langhe, Philip M. Fernbach, and Donald R. Lichtenstein (2016), "Navigating by the Stars: Investigating the Actual and Perceived Validity of Online User Ratings, *Journal of Consumer Research, 42,* 817–833.

32. Nalini Ambady, Frank J. Bernieri, and Jennifer A. Richeson (2000),"Toward a Histology of Social Behavior: Judgmental Accuracy from Thin Slices of the Behavioral Stream," *Advances in Experimental Social Psychology, 32*, 201–271; quote is from p. 201.

33. Alison Carmen (2015), "If You Judge People, You Have No Time to Love Them." https://www.psychologytoday.com/us/

blog/the-gift-maybe/201504/if-you-judge-people-you-have-no-time-love-them.

34. Carmen, "If You Judge People."
35. BrainyQuote, https://brainyquote.com/quotes/walt_whitman_14 6892.
36. Barbara O'Brien, "The Buddhist Art of Nonjudgmental Judging Is Subtle," *The Guardian,* July 20, 2011.
37. Dana R. Carney (2020), "The Nonverbal Expression of Power, Status, and Dominance," *Current Opinion in Psychology, 33*, 256–264.
38. Jeffrey Pfeffer (2013), "You're Still the Same: Why Theories of Power Hold over Time and Across Contexts," *Academy of Management Perspectives, 27* (4), 269–280.
39. Sarah Lyons-Padilla et al., "Race Influences Professional Investors'Financial Judgments."

法則 1

1. Samyukta Mullangi and Reshma Jagsi (2019), "Imposter Syndrome: Treat the Cause, Not the Symptom," *Journal of the American Medical Association, 322* (5), 403–404; quote is from p. 403.
2. George P. Chrousos, Alexios-Fotios A. Mentis, and Efthimios Dardiotis (2020), "Focusing on the Neuro-Psycho-Biological and Evolutionary Underpinnings of the Imposter Syndrome," *Frontiers in Psychology, 11*, 1553–1556.
3. Jeffrey Pfeffer, Christina T. Fong, Robert B. Cialdini, and Rebecca R. Portnoy (2006), "Overcoming the Self-Promotion Dilemma: Interpersonal Attraction and Extra Help as a Consequence of Who Sings One's Praises," *Personality and Social Psychology Bulletin, 32* (10), 1362–1374; quote is from p. 1362.
4. Dayrl J. Bem (1972), "Self-Perception Theory," *Advances in Experimental Social Psychology, 6*, 1–62; quote is from p. 1.
5. Gerald R. Salancik and Mary Conway (1975), "Attitude Inferences from Salient and Relevant Cognitive Content About Behavior," *Journal of Personality and Social Psychology, 32* (5), 829–840.
6. Deidre Boden, *The Business of Talk: Organizations in Action*, Cambridge: Polity Press, 1994.

7. Interview with Christina Troitino, July 9, 2020.
8. Rosabeth Moss Kanter (1979), "Power Failure in Management Circuits,"*Harvard Business Review, 57* (4), 65–75; quote is from p. 65.
9. Deborah Gruenfeld, *Acting with Power: Why We Are More Powerful Than We Believe*, New York: Currency, 2020.
10. Malgorzata S., "An Excellent Resource for All Those Who Want to Learn How to Use Power Well," Amazon UK review, July 27, 2020, retrieved June 27, 2021.
11. Sam Borden, "Where Dishonesty Is Best Policy, U.S. Soccer Falls Short," *New York Times,* June 15, 2014.
12. Ann Schmidt, "How Arthur Blank, Bernie Marcus Co-founded Home Depot After Being Fired," Fox Business, August 2, 2020. https://www.foxbusiness.com/money/arthur-blank-bernie-marcus-home-depot-winning-formula.
13. Ann Schmidt, "How Netflix's Reed Hastings Overcame Failure While Leading His First Company," Fox Business, June 21, 2020. https://www.foxbusiness.com/money/netflix-ceo-reed-hastings-winning-formula.
14. Jeffrey Pfeffer and Gerald R. Salancik, *The External Control of Organizations: A Resource Dependence Persepctive,* Stanford, CA: Stanford Business Books, 2003.
15. Safi Bahcall, *Loonshots: How to Nurture the Crazy Ideas That Win Wars, Cure Diseases, and Transform Industries,* New York: St. Martin's Press, 2019; quotes are from pp. 57–59, emphasis added.
16. Jeffrey Pfeffer, *Power*, chapter two.
17. Peter Belmi and Kristin Laurin (2016), "Who Wants to Get to the Top? Class and Lay Theories About Power," *Journal of Personality and Social Psychology, 111* (4), 505–529.
18. Cameron Anderson and Gavin J. Kilduff (2009), "Why Do Dominant Personalities Attain Influence in Face-to-Face Groups? The Competence-Signaling Effects of Trait Dominance," *Journal of Personality and Social Psychology, 96* (2), 491–503.
19. Peter Belmi, Margaret A. Neal, David Reiff, and Rosemay Ulfe (2020),"The Social Advantages of Miscalibrated Individuals: The Relationship Between Social Class and Overconfidence and Its Implications for Class-Based Inequality," *Journal of*

Personality and Social Psychology, 118 (2), 254–282.

20. Musa Okwonga, *One of Them: An Eton College Memoir*, London: Unbound, 2021.
21. David Shariatmadari, "Musa Okwonga: 'Boys Don't Learn Shamelessness at Eton, It Is Where They Perfect It,'" *The Guardian*, April 10, 2021. https://www.theguardian.com/books/2021/apr/10/musa-okwonga-boys-dont-learn-shamelessness-at-eton-it-is-where-they-perfect-it.
22. Ascend Foundation, "Glass Ceiling for Asian Americans is 3.7 Times Harder to Crack," PR Newswire, May 6, 2015.
23. Sylvia Ann Hewlett, Ripa Rashid, Claire Ho, and Diana Forster, *Asians in America: Unleashing the Potential of the Model Minority,* New York: Center for Talent Innovation, 2011.
24. F. Pratto, L. M. Stallworth, and J. Sidanius (1997), "The Gender Gap: Differences in Political Attitudes and Social Dominance Orientation,"*British Journal of Social Psychology, 36,* 49–68.
25. Lynn R. Offerman and Pamela E. Schrier (1985), "Social Influence Strategies: The Impact of Sex, Role and Attitudes Toward Power," *Personality and Social Psychology Bulletin, 11* (3).
26. Mats Alvesson and Katja Einola (2019), "Warning for Excessive Positivity:Authentic Leadership and Other Traps in Leadership Studies,"*Leadership Quarterly, 30,* 383–395.
27. Adam Grant, "Unless You're Oprah, 'Be Yourself' Is Terrible Advice,"*New York Times,* June 4, 2016. https://nyti.ms/22Fi3e0.
28. Kerry Roberts Gibson, Dana Harari, and Jennifer Carson Marr (2018),"When Sharing Hurts: How and Why Self-Disclosing Weakness Undermines the Task-Oriented Relationships of Higher Status Disclosers," *Organizational Behavior and Human Decision Processes, 144*, 25–43; quote is from p. 25.
29. Gibson et al, "When Sharing Hurts," p. 25.
30. Gibson et al, "When Sharing Hurts," p. 38.
31. Herminia Ibarra, "The Authenticity Paradox," *Harvard Business Review,* January–February 2015. https://hbr.org/2015/01/the-authenticity-paradox.

32. Ibarra, "The Authenticity Paradox."
33. Ibarra, "The Authenticity Paradox."
34. Edward P. Lemay and Margaret S. Clark (2015), "Motivated Cognition in Relationships," *Current Opinion in Psychology, 1,* 72–75; quote is from p. 72.
35. Lemay and Clark, "Motivated Cognition in Relationships."
36. Charles F. Bond Jr. and Bella M. DePaulo (2008), "Individual Differences in Judging Deception: Accuracy and Bias," *Psychological Bulletin, 134* (4), 477–492; quote is from p. 477.
37. Charles F. Bond, Jr., & Bella M. DePaulo (2006). "Accuracy of Deception Judgments," Personality and Social Psychology Review, 10 (3), 214-224; quote is from p. 214.
38. Robert A. Caro, *The Path to Power*, New York: Knopf, 1982; Robert A. Caro, *Means of Ascent*, New York: Knopf, 1990; Robert A. Caro, *Master of the Senate*, New York: Knopf, 2002; Robert A. Caro, *The Passage of Power,* New York: Knopf, 2012.
39. James Richardson, *Willie Brown: A Biography*, Berkeley: University of California Press, 1996.
40. Robert B. Cialdini, *Influence: Science and Practice,* 5th ed., Boston: Allyn and Bacon, 2008.
41. Benjamin Schwarz, "Seeing Margaret Thatcher Whole," *New York Times,* November 12, 2019. https://www.nytimes.com/2019/11/12/books/review/margaret-thatcher-the-authorized-biography-herself-alone-charles-moore.html.
42. Any Cuddy (2009), "Just Because I'm Nice, Don't Assume I'm Dumb,"*Harvard Business Review, 87* (2).
43. Teresa M. Amabile (1983), "Brilliant but Cruel: Perceptions of Negative Evaluators," *Journal of Experimental Social Psychology, 19* (2), 146–156.
44. Timothy A. Judge, Beth A. Livingston, and Charlice Hurst (2012), "Do Nice Guys—and Gals—Really Finish Last? The Joint Effects of Sex and Agreeableness on Income," *Journal of Personality and Social Psychology, 102* (2), 390–407.
45. Judge et al., "Do Nice Guys—and Gals—Really Finish Last?"

46. Anderson et al., "People with Disagreeable Personalities."

法則11

1. "Breaking Rules Makes You Seem Powerful," *Science Daily,* May 20, 2011.https://www.sciencedaily.com/releases/2011/05/110520092735.htm.
2. David Kipnis (1972), "Does Power Corrupt?" *Journal of Personality and Social Psychology, 24*, 33–41.
3. Gerben A. van Kleef, Astrid C. Homan, Catrin Finkenauer, Seval Gundemir, and Eftychia Stamkou (2011), "Breaking the Rules to Rise to Power: How Norm Violators Gain Power in the Eyes of Others,"*Social Psychological and Personality Science, 2* (5), 500–507.
4. van Kleef et al., "Breaking the Rules," p. 500.
5. Jeffrey Pfeffer, "Jason Calacanis: A Case Study in Creating Resources,"Stanford, CA: Graduate School of Business Case #OB104, November 11, 2019; quote is from p 3.
6. Pfeffer, "Jason Calacanis."
7. Kristen Meinzer and T. J. Raphael, "Here's What Happens After 'Surprise!'"*The Takeaway,* April 2, 2015. https://www.pri.org/stories/2015-04-02/heres-what-happens-after-surprise.
8. CPP Global, *Human Capital Report: Workplace Conflict and How Businesses Can Harness It to Thrive*, July 2008. http://img.en25.com/Web/CPP/Conflict_report.pdf.
9. Robert A. Caro, *The Power Broker: Robert Moses and the Fall of New York,* New York: Knopf, 1974; quote is from p. 217.
10. Caro, *The Power Broker*, p. 218.
11. Ivan Arreguin-Toft, *How the Weak Win Wars: A Theory of Asymmetric Conflict,* Cambridge, UK: Cambridge University Press, 2005.
12. Malcom Gladwell, "How David Beats Goliath," *New Yorker, 85* (13), May 11, 2009.

13. Susan Pulliam, Rebecca Elliott, and Ben Foldy, "Elon Musk's War on Regulators," *Wall Street Journal,* April 28, 2021.
14. Francis J. Flynn and Vanessa K. B. Lake (2008), "If You Need Help, Just Ask: Underestimating Compliance with Direct Requests for Help,"*Journal of Personality and Social Psychology, 95* (1), 128–143; quote is from p. 140.
15. Jeffrey Pfeffer and Victoria Chang, "Keith Ferrazzi," Case #OB44, Stanford, CA: Graduate School of Business, November 15, 2003.
16. Reginald F. Lewis and Blair S. Walker, *Why Should White Guys Have All the Fun? How Reginald Lewis Created a Billion-Dollar Business Empire,* New York: Wiley, 1994.
17. Wikipedia, "Reginald Lewis," last modified September 10, 2021.http://en.wikipedia.org/wiki/Reginald_Lewis.

法則三

1. Nalini Ambady and Robert Rosenthal (1993), "Half a Minute: Predicting Teacher Evaluations from Thin Slices of Nonverbal Behavior and Physical Attractiveness," *Journal of Personality and Social Psychology, 64* (3), 431–441.
2. Raymond S. Nickerson (1998), "Confirmation Bias: A Ubiquitous Phenomenon in Many Guises," *Review of General Psychology, 2* (2), 175–220.
3. "How Fast Does the Average Person Speak?" Word Counter, June 2, 2016. https://wordcounter.net/blog/2016/06/02/101702_how-fast-average-person-speaks.html.
4. Steven A. Beebe (1974), "Eye Contact: A Nonverbal Determinant of Speaker Credibility," *Speech Teacher, 23* (1), 21–25.
5. Charles I. Brooks, Michael A. Church, and Lance Fraser (1986), "Effects of Duration of Eye Contact on Judgments of Personality Characteristics,"*Journal of Social Psychology, 126* (1), 71–78.
6. Joylin M. Droney and Charles I. Brooks (1993), "Attributions of Self-Esteem as a Function of Duration of Eye Contact," *Journal of Social Psychology, 133* (5), 715–722.
7. Amy Cuddy, "Your Body Language May Shape Who You Are,"TED, June 2012. https://www.ted.com/talks/amy_cuddy_

your_body_language_may_shape_who_you_are?language=en.

8. Amy Cuddy, *Presence: Bringing Your Boldest Self to Your Biggest Challenges,* New York: Little, Brown Spark, 2005.

9. Ambady and Rosenthal, "Half a Minute."

10. Nicholas O. Rule and Nalini Ambady (2008), "The Face of Success: Inferences from Chief Executive Officers' Appearance Predict Company Profits," *Psychological Science, 19* (2), 109–111; quote is from p. 109.

11. Rule and Ambady, "The Face of Success," p. 110.

12. Nicholas O. Rule and Nalini Ambady (2009), "She's Got the Look: Inferences from Female Chief Executive Officers' Faces Predict Their Success," *Sex Roles, 61*, 644–652.

13. Quoted in Christian Hopp, Daniel Wentzel, and Stefan Rose (2020), "Chief Executive Officers' Appearance Predicts Company Performance, or Does It? A Replication and Extension Focusing on CEO Successions," *Leadership Quarterly* (in press).

14. Arianna Bagnis, Ernesto Caffo, Carlo Cipolli, Allesandra De Palma, Garielle Farina, and Katia Mattarozzi (2020), "Judging Health Care Priority in Emergency Situations: Patient Facial Appearance Matters,"*Social Science and Medicine, 260* (in press).

15. Peter Lundberg, Paul Nuystedt, and Dan-Olof Rooth (2014), "Height and Earnings: The Role of Cognitive and Noncognitive Skills," *Journal of Human Resources, 49* (1), 1141–1166.

16. See, e.g., Daniel S. Hammermesh, *Beauty Pays: Why Attractive People Are More Successful,* Princeton, NJ: Princeton University Press, 2011.

17. C. Pfeifer (2012), "Physical Attractiveness, Employment and Earnings,"*Applied Economics Letters, 19*, 505–510.

18. P. C. Morrow, J. C. McElroy, B. G. Stamper, and M. A. Wilson (1990), "The Effects of Physical Attractiveness and Other Demographic Characteristics on Promotion Decisions," *Journal of Management, 16*, 723–736.

19. Kelly A. Nault, Marko Pitesa, and Stefan Thau (2020), "The Attractiveness Advantage at Work: A Cross-Disciplinary

Integrative Review,"*Academy of Management Annals, 14* (2), 1103–1139.
20. Leslie A. Zebrowitz and Joann M. Montepare (2008), "Social Psychological Face Perception: Why Appearance Matters," *Social and Personality Psychology Compass, 2/3*, 1497–1517; quote is from p. 1497.
21. Zebrowitz and Montepare, "Social Psychological Face Perception," p.1498.
22. Baba Shiv and Alexander Fedorikhin (1999), "Heart and Mind in Conflict: The Interplay of Affect and Cognition in Consumer Decision Making," *Journal of Consumer Research, 26* (3), 278–292.
23. Dana R. Carney (2021), "Ten Things Every Manager Should Know About Nonverbal Behavior," *California Management Review, 63* (2), 5–22; quote is from p. 13.
24. Rob Goffee and Gareth Jones, *Why Should Anyone Be Led by You?* Boston: Harvard Review Press, 2006.
25. Larissa Z. Tiedens (2001), "Anger and Advancement Versus Sadness and Subjugation: The Effect of Negative Emotion Expressions on Social Status Conferral," *Journal of Personality and Social Psychology, 80* (1), 86–94; quotes are from p. 87.
26. Marwan Sinaceur and Larissa Z. Tidens (2006), "Get Mad and Get More Than Even: When and Why Anger Expression Is Effective in Negotiations," *Journal of Experimental Social Psychology, 42* (3), 314–322.
27. Karina Schumann (2018), "The Psychology of Offering an Apology: Understanding the Barriers to Apologizing and How to Overcome Them," *Current Directions in Psychological Science, 27* (2), 7–78; quote is from p. 76.
28. Tyler G. Okimoto, Michael Wenzel, and Kyli Hedrick (2013), "Refusing to Apologize Can Have Psychological Benefits (and We Issue No Mea Culpa for This Research Finding)," *European Journal of Social Psychology, 43*, 22–31, p. 29.
29. Shereen J. Cahudry and George Loewenstein (2019), "Thanking, Apologizing, Bragging, and Blaming: Responsibility Exchange Theory and the Currency of Communication," *Psychological Review, 126* (3), 313–344; quote is from p. 316.
30. Jennifer Latson, "How Poisoned Tylenol Became a Crisis-Management Teaching Model," *Time,* September 29, 2014, https://time.com/3423136/tylenol-deaths-1982/.
31. Elaine Hatfield, John T. Cacioppo, and Richard L. Rapson, *Emotional Contagion,* Cambridge, UK: Cambridge University

Press, 1994.

32. Timothy F. Jones, Allen S. Craig, Debbie Hoy, Elaine W. Gunter, David L. Ashley, Dana B. Barr, John W. Brock, and William Schaffner (2000),"Mass Psychogenic Illness Attributed to Toxic Exposure at a High School," *New England Journal of Medicine, 342* (2), 96–100.

33. Shirley Wang (2006), "Contagious Behavior," *Observer,* February 1. https://www.psychologicalscience.org/observer/contagious-behavior/comment-page-1.

34. Sigal G. Barsade, Constantinos G. V. Coutifaris, and Julianna Pillemer (2018), "Emotional Contagion in Organizational Life," *Research in Organizational Behavior, 18*, 137–151; quote is from p. 137.

35. Cameron Anderson, Sebastien Brion, Don A. Moore, and Jessica A. Kennedy (2012), "A Status-Enhancement Account of Overconfidence,"*Journal of Personality and Social Psychology, 103* (4), 718–735.

36. Amy J. C. Cuddy, Caroline A. Wilmuth, Andy J. Yap, and Dana R. Carney (2015), "Preparatory Power Posing Affects Nonverbal Presence and Job Interview Performance," *Journal of Applied Psychology, 100* (4), 1286–1295.

37. Kerry Roberts Gibson, Dana Harari, and Jennifer Carson Marr (2018),"When Sharing Hurts: How and Why Self-Disclosing Weakness Undermines the Task-Oriented Relationships of Higher Status Disclosers," *Organizational Behavior and Human Decision Processes, 144*, 25–43; quote is from p. 25.

38. Gibson, Harari, and Marr, "When Sharing Hurts," p. 38.

39. Dana R. Carney (2020), "The Nonverbal Expression of Power, Status, and Dominance," *Current Opinion in Psychology, 33*, 256–264.

40. Judith Donath (2021), "Commentary: The Ethical Use of Powerful Words and Persuasive Machines," *Journal of Marketing, 85* (1), 160–162.

41. Wikipedia, "Flesch–Kincaid Readability Tests," last modified August 22, 2021. https://en.wikipedia.org/wiki/Flesch%E2%80%93Kincaid_readability_tests.

42. Lawrence A. Hosman (1989), "The Evaluative Consequences of Hedges, Hesitations, and Intensifiers: Powerful and Powerless Speech Styles," *Human Communication Research, 15* (3), 383–406.
43. Christian Unkelbach and Sarah C. Rom (2017), "A Referential Theory of the Repetition-Induced Truth Effect," *Cognition, 160*, 110–126; quote is from p. 110.
44. Jeffrey L. Foster, Thomas Huthwaite, Julia A. Yesberg, Maryanne Garry, and Elizabeth F. Loftus (2012), "Repetition, Not Number of Sources, Increases Both Susceptibility to Misinformation and Confidence in the Accuracy of Eyewitnesses" *Acta Psychologica, 139* (2), 320–326; quote is from p. 320.
45. "Donald Trump Says Muslims Support His Plan," *Jimmy Kimmel Live*, December 17, 2015. https://www.youtube.com/watch?v=Sqhg2FNzKHM.
46. Lindsey M. Grob, Renee A. Meyers, and Renee Schuh (1997), "Powerful/Powerless Language Use in Group Interactions: Sex Differences or Similarities? *Communication Quarterly, 45* (3), 282–303; quote is from p. 294.
47. Wikipedia, "Frank Abagnale," September 16, 2021. https://en.wikipedia.org/wiki/Frank_Abagnale.
48. Wikipedia, "Christian Gerhartsreiter," July 15, 2021. https://en.wikipedia.org/wiki/Christian_Gerhartsreiter.

法則四

1. Martin Kilduff and David Krackhardt (1994), "Bringing the Individual Back In: A Structural Analysis of the Internal Market for Reputation in Organizations," *Academy of Management Journal, 37* (1), 87–108.
2. Robert B. Cialdini, *Influence*; quote is from p. 45.
3. Robert B. Cialdini, Richard J. Borden, Avril Thorne, Marcus Randall Walker, Stephen Freeman, and Lloyd Reynolds Sloan (1976), "Basking in Reflected Glory: Three (Football) Field Studies," *Journal of Personality and Social Psychology, 34* (3), 366–375.
4. Jeffrey Pfeffer, "Tristan Walker: The Extroverted Introvert," Case#OB93, Stanford, CA: Graduate School of Business,

Stanford University, October 26, 2016; quote is from pp. 1–2.

5. Victoria Chang, Kimberly Elsbach, and Jeffrey Pfeffer, "Jeffrey Sonnenfeld: The Fall from Grace," Case #OB34A, Stanford, CA: Graduate School of Business, Stanford University, August 21, 2006.
6. Josh Barro, "Black Mark for Fiorina Campaign in Criticizing Yale Dean," *New York Times,* September 23, 2015.
7. Philip Weiss, "Is Emory Prof Jeffrey Sonnenfeld Caught in a New Dreyfus Affair?" *New York Observer,* May 17, 1999.
8. Michael Mattis, "Style Counsel: Willie Brown on Dressing the Man,"https://www.cbsnews.com/news/style-counsel-willie-brown-on-dressing-the-man/.
9. Jason Calacanis, *Angel: How to Invest in Technology Startups*, New York: Harper Business, 2017.
10. Lee A. Iacocca and William Novak, *Iacocca: An Autobiography*, New York: Bantam Dell, 1984.
11. Jack Welch with John A. Byrne, *Jack: Straight from the Gut*, New York: Business Plus, 2001.
12. Pfeffer et al., "Overcoming the Self-Promotion Dilemma."
13. Pfeffer, "Tristan Walker," p. 11.
14. Megan Elisabeth Anderson and Jeffrey Pfeffer, "Nuria Chinchilla: The Power to Change Workplaces," Case #OB67, Stanford, CA: Graduate School of Business, Stanford University, February 14, 2011; quote is from p. 13.
15. Anderson and Pfeffer, "Nuria Chinchilla."
16. Pfeffer, "Jason Calacanis"; quote is from pp. 4–5.
17. Pfeffer, "Jason Calacanis"; pp. 12–13.
18. Jeffrey Pfeffer, "Sadiq Gillani's Airline Career Takes Off: Strategy in Action," Case #OB95, Stanford, CA: Graduate School of Business, Stanford University, November 30, 2018.
19. Ibid., quote is from p. 13.
20. Richard W. Halstead (2000), "From Tragedy to Triumph: Counselor as Companion on the Hero's Journey," *Counseling and Values, 44* (2), 100–106; quote is from p. 100.

21. Jim Collins, *Good to Great: Why Some Companies Make the Leap and Others Don't*, New York: Harper Business, 2001.
22. Annabelle R. Roberts, Emma E. Levine, and Ovul Sezer (2020), "Hiding Success," *Journal of Personality and Social Psychology, 120* (5),1261–1286.

法則五

1. Wikipedia, "Omid Kordestani," last modified September 7, 2021.https://en.wikipedia.org/wiki/Omid_Kordestani.
2. Alistair Barr, "Google Pays Returning Chief Business Officer $130 Million," *Wall Street Journal,* April 23, 2015. https://www.wsj.com/articles/google-pays-returning-chief-business-officer-130-million-1429828322.
3. Jeffrey Pfeffer and Ross Walker, *People Are the Name of the Game: How to Be More Successful in Your Career—and Life*, Pennsauken Township, NJ: BookBaby, 2013.
4. Keith Ferrazzi with Tahl Raz, *Never Eat Alone: And Other Secrets to Success, One Relationship at a Time* (2nd expanded ed.), New York: Currency,2014.
5. Jiuen Pai, Sanford E. DeVoe, and Jeffrey Pfeffer (2020), "How Income and the Economic Evaluation of Time Affect Who We Socialize with Outside of Work," *Organizational Behavior and Human Decision Processes, 161*, 158–175.
6. Ivan Misner, "How Much Time Should You Spend Networking?"August 9, 2018. https://ivanmisner.com/time-spend-networking.
7. Daniel Kahneman, Alan B. Krueger, David A. Schkade, Norbert Schwarz, and Arthur A. Stone (2004), "A Survey Method for Characterizing Daily Life Experience: The Day Reconstruction Method,"*Science, 5702*, 1776–1780.
8. Tiziana Casciaro, Francesco Gino, and Maryam Kouchaki (2014), "The Contaminating Effects of Building Instrumental Ties: How Networking Can Make Us Feel Dirty," *Administrative Science Quarterly, 59* (4), 705–735.
9. Pai et al., "How Income and the Economic Evaluation," p. 158. The study referred to is C. R. Wanberg, R. Kanfer, and J. T. Banas (2000), "Predictors and Outcomes of Networking Intensity Among Unemployed Job Seekers," *Journal of Applied*

Psycholoy, 85, 491–503.

10. Jeffrey Pfeffer, "Ross Walker's Path to Power," Case #OB79, Stanford, CA: Stanford Graduate School of Business, February 7, 2011; quote is from p. 14.
11. Hans-Georg Wolff and Klaus Moser (2009), "Effects of Networking on Career Success: A Longitudinal Study," *Journal of Applied Psychology, 94* (1), 196–206.
12. Torstein Nesheim, Karen Modesta Olsen, and Alexander Modsen Sandvik (2017), "Never Walk Alone: Achieving Working Performance Through Networking Ability and Autonomy," *Employee Relations, 39* (2), 240–253.
13. Samuel Y. Todd, Kenneth J. Harris, Ranida B. Harris, and Anthony R. Wheeler (2010), "Career Success Implications of Political Skill," *Journal of Social Psychology, 149* (3), 279–304.
14. Munyon et al., "Political Skill and Work Outcomes."
15. Carter Gibson, Jay H. Hardy III, and M. Ronald Buckley (2014), "Understanding the Role of Networking in Organizations, *Career Development International 19* (2), 146–161.
16. Jennifer Miller, "Want to Meet Influential New Yorkers? Invite Them to Dinner," *New York Times,* October 9, 2013. https://www.nytimes.com/2013/10/10/fashion/want-to-meet-influential-new-yorkers-invite-them-to-dinner.html.
17. Michael I. Norton, Daniel Mochon, and Dan Ariely (2012), "The IKEA Effect: When Labor Leads to Love," *Journal of Consumer Psychology, 22* (3), 453–460.
18. Mark S. Granovetter, *Getting a Job: A Study of Contacts and Careers,* Chicago: University of Chicago Press, 1974.
19. Mark S. Granovetter (1973), "The Strength of Weak Ties," *American Journal of Sociology, 78*, 1360–1380.
20. J. E. Perry-Smith (2006), "Social Yet Creative: The Role of Social Relationships in Facilitating Individual Creativity," *Academy of Management Journal, 49,* 85–101.
21. Gillian M. Sandstrom and Elizabeth W. Dunn (2014), "Social Interactions and Well-Being: The Surprising Power of Weak Ties," *Personality and Social Psychology Bulletin, 40* (7), 910–922; quote is from p. 918.

22. Ronald S. Burt (2004), "Structural Holes and Good Ideas," *American Journal of Sociology, 110* (2), 349–399; quote is from p. 349.
23. Burt, "Structural Holes and Good Ideas."
24. Ronald S. Burt (2000), "The Network Structure of Social Capital,"*Research in Organizational Behavior, 22*, 345–423.
25. Ronald S. Burt (2007), "Secondhand Brokerage: Evidence on the Importance of Local Structure for Managers, Bankers, and Analysts,"*Academy of Management Journal, 50* (1), 119–148; quote is from p. 119.
26. Jeffrey Pfeffer, "Zia Yusuf at SAP: Having Impact," Case #OB73, February 3, 2009, Stanford, CA: Graduate School of Business, Stanford University.
27. Herminia Ibarra (1993), "Network Centrality, Power, and Innovation Involvement: Determinants of Technical and Administrative Roles,"*Academy of Management Journal, 36* (3), 471–501.
28. Myung-Ho Chung, Jeehye Park, Hyoung Koo Moon, and Hongseok Oh (2011), "The Multilevel Effects of Network Embeddedness on Interpersonal Citizenship Behavior," *Small Group Research, 42* (6), 730–760.
29. Brian Mullen, Craig Johnson, and Eduardo Salas (1991), "Effects of Communication Network Structure: Components of Positional Centrality,"*Social Networks, 13* (2), 169–185.
30. Alvin W. Gouldner (1960), "The Norm of Reciprocity: A Preliminary Statement," *American Sociological Review, 25*, 161–178.
31. Ronald S. Burt and Don Ronchi (2007), "Teaching Executives to See Social Capital: Results from a Field Experiment," *Social Science Research, 36* (3), 1156–1183; quote is from p. 1156.

法則六

1. The National Security Archive, "Episode 13: Make Love, Not War (The Sixties)," George Washington University, January 10, 1999. https://nsarchive2.gwu.edu/coldwar/interviews/episode-13/valenti1.html.
2. Per-Ola Karlsson, Martha Turner, and Peter Gassmann (2019), "Succeeding the Long-Serving Legend in the Corner Office,

Strategy + Business," Summer 2019, Issue 95. https://www.strategy-business.com/article/Succeeding-the-long-serving-legend-in-the-corner-office.

3. Matt Barnum, "How Long Does a Big-City Superintendent Last? Longer Than You Might Think," *Chalkbeat,* May 8, 2018. https://www.chalkbeat.org/2018/5/8/21105877/how-long-does-a-big-city-superintendent-last-longer-than-you-might-think.
4. https://www.healthcarefinancenews.com/news/hospital-ceo-turnover-rate-dipped-2019-first-tiime-five-years.
5. The material in this section is primarily drawn from Jeffrey Pfeffer, "Amir Rubin: Success from the Beginning," Case #OB90, January 6, 2015, Stanford, CA: Graduate School of Business, Stanford University.
6. Stanford Health Care, "Stanford Health Care-Stanford Hospital Named to U.S. News & World Report's 2015-16 Best Hospitals Honor Roll," July 21, 2015. https://stanfordhealthcare.org/newsroom/news/press-releases/2015/us-news-2015-16.html.
7. Sara Mosie, "The Stealth Chancellor," *New York Times,* August 31, 1997.
8. Jeffrey Pfeffer, "Kent Thiry and DaVita: Leadership Challenges in Building and Growing a Great Company," Case #OB54, May 22, 2006, Stanford, CA: Graduate School of Business, Stanford University; quote is from p. 5.
9. C. Edward Fee and Charles J. Hadlock (2004), "Management Turnover Across the Corporate Hierarchy," *Journal of Accounting and Economics, 37* (1), 3–38.
10. Idalene F. Kesner and Dan R. Dalton (1994), "Top Management Turnover and CEO Succession: An Investigation of the Effects of Turnover on Performance," *Journal of Management Studies, 31* (5), 701–713.
11. James Richardson, *Willie Brown: A Biography*, Berkeley: University of California Press, 1996; quote is from p. 278.
12. Richardson, *Willie Brown,* pp. 278–279.
13. Wikipedia, "Frances K. Conley," last modified July 21, 2021. https://en.wikipedia.org/wiki/Frances_K._Conley.
14. "Citing Sexism, Stanford Doctor Quits," *New York Times,* June 4, 1991, p. A22.
15. Goodreads, "Niccolo Machiavelli." https://www.goodreads.com/quotes/22338-it-is-much-safer-to-be-feared-than-loved-

because.
16. Paul Goldberer, "Robert Moses, Master Builder, Is Dead at 92," *New York Times,* July 30, 1981, p. A1. https://www.nytimes.com/1981/07/30/obituaries/robert-moses-master-builder-is-dead-at-92.html.
17. Caro, *The Power Broker*, p. 449.
18. Caro, *The Power Broker*, p. 986.
19. Sydney Sarachan, "The Legacy of Robert Moses," January 17, 2013. https://web.archive.org/web/20180617043637/http://www.pbs.org/wnet/need-to-know/environment/the-legacy-of-robert-moses/.
20. Sydney Sarachan, "The Legacy of Robert Moses," January 17, 2013. *Need to Know on PBS.*
21. Emily Stewart, "Mark Zuckerberg Is Essentially Untouchable at Facebook," Vox, December 29, 2018. https://www.vox.com/technology/2018/11/19/18099011/mark-zuckerberg-facebook-stock-nyt-wsj.
22. Mengqi Sun, "More U.S. Companies Separating Chief Executive and Chairman Roles," *Wall Street Journal,* January 23, 2019.
23. Connie Bruck, "The Personal Touch," *New Yorker,* August 6, 2001.
24. Paul Goldberger, "Robert Moses, Master Builder, Is Dead at 92," *New York Times,* July 30, 1981, p. A1.

法則七

1. Bahcall, *Loonshots*; quote is from p. 56.
2. Glenn Thrush, Jo Becker, and Danny Hakim, "Tap Dancing with Trump: Lindsey Graham's Quest for Relevance," *New York Times,* August 14, 2021. https://www.nytimes.com/2021/08/14/us/politics/lindsey-graham-donald-trump.html.
3. Mark Leibovich, "How Lindsey Graham Went from Trump Skeptic to Trump Sidekick," *New York Times,* February 25, 2019.
4. Leibovich, "How Lindsey Graham Went from Trump Skeptic to Trump Sidekick."
5. Thrush et al., "Tap Dancing with Trump."

6. David G. Winter (1988), "The Power Motive in Women—and Men," *Journal of Personality and Social Psychology, 54* (3), 510–519.
7. Wiktionary, "The nail that sticks out gets hammered down," last modified August 6, 2020. https://en.wiktionary.org/wiki/the_nail_that_sticks_out_gets_hammered_down.
8. Wikipedia, "Tall Poppy Syndrome," last modified September 9, 2021. https://en.wikipedia.org/wiki/Tall_poppy_syndrome.
9. https://biblehub.com/matthew/25-29.htm.
10. Robert K. Merton (1988), "The Matthew Effect in Science, II: Cumulative Advantage and the Symbolism of Intellectual Property," *Isis, 79*, 606–623; quote is from p. 606.
11. Michelle L. Dion, Jane Lawrence Sumner, and Sara McLaughlin Mitchell (2018), "Gendered Citation Patterns Across Political Science and Social Science Methodology Fields," *Political Analysis, 26*, 312–327.
12. Matjaz Perc (2014), "The Matthew Effect in Empirical Data," *Journal of the Royal Society Interface, 11*, http://dx.doi.org/10.1098/rsif.2014.0378.
13. See, for instance, Niklas Karlsson, George Loewenstein, and Duane Seppi (2009), "The Ostrich Effect: Selective Attention to Information, *Journal of Risk and Uncertainty, 38*, 95–115; Jack Fyock and Charles Stangor (1994), "The Role of Memory Biases in Stereotype Maintenance,"*British Journal of Social Psychology, 33* (3), 331–343.
14. Alison R. Fragale, Benson Rosen, Carol Xu, and Iryna Merideth (2009), "The Higher They Are, the Harder They Fall: The Effects of Wrongdoer Status on Observer Punishment Recommendations and Intentionality Attributions," *Organizational Behavior and Human Decision Processes, 108* (1), 53–65.
15. Scott D. Griffin, Jonathan Bundy, Joseph F. Porac, James B. Wade, and Dennis P. Quinn (2013), "Falls from Grace and the Hazards of High Status: The 2009 British MP Expense Scandal and Its Impact on Parliamentary Elites," *Administrative Science Quarterly, 58* (3), 313–345.
16. Hannah Riley Bowles and Michele Gelfand (2010), "Status and the Evaluation of Workplace Deviance," *Psychological*

Science, 21 (1), 49–54.

17. Evan Polman, Nathan C. Pettit, and Batia M. Wiesenfeld (2013), "Effects of Wrongdoer Status on Moral Licensing," *Journal of Experimental Social Psychology, 49* (4), 614–623.
18. Jesse Eisinger, *The Chickenshit Club: Why the Justice Department Fails to Prosecute Executives,* New York: Simon & Schuster, 2017.
19. James Kwak, "America's Top Prosecutors Used to Go After Top Executives. What Changed?" *New York Times,* July 5, 2017.
20. Julie Creswell with Naomi Prins, "The Emperor of Greed: With the Help of His Bankers, Gary Winnick Treated Global Crossing as His Personal Cash Cow—Until the Company Went Bankrupt," CNN Money, June 24, 2002. https://money.cnn.com/magazines/fortune/fortune_archive/2002/06/24/325183/.
21. Chris Gaither, Jonathan Peterson, and David Colker, "Founder Escapes Charges in Global Crossing Failure," *Los Angeles Times,* December 14, 2004.
22. William D. Cohan, "Michael Milken Invented the Modern Junk Bond, Went to Prison, and Then Became One of the Most Respected People on Wall Street," *Insider,* May 2, 2017. https://www.businessinsider.com/michael-milken-life-story-2017-5.
23. Ibid.
24. Ann Friedman, "Martha Stewart's Best Lesson: Don't Give a Damn," *New York Magazine,* March 14, 2013.
25. Jodi Kantor, Mike McIntire, and Vanessa Friedman, "Jeffrey Epstein Was a Sex Offender. The Powerful Welcomed Him Anyway," *New York Times,* July 13, 2019.
26. David Enrich, "How Jeffrey Epstein Got Away with It," *New York Times,* July 13 2021.
27. Duncan Riley, "Employee Management Software Startup Rippling Raises $145M on Unicorn Valuation," SiliconAngle, August 4, 2020. https://siliconangle.com/2020/08/04/employee-management-software-startup-rippling-raises-145m-unicorn-valuation/.
28. Nathaniel Popper, "Sex Scandal Toppled a Silicon Valley Chief. Investors Say, So What?" *New York Times,* July 27, 2018.

29. Leslie Berlin, "Mike Isaac's Uber Book Has Arrived," *New York Times,* September 6, 2019.
30. Dacher Keltner, Deborah H. Gruenfeld, and Cameron Anderson (2003), "Power, Approach, and Inhibition," *Psychological Review, 110* (2), 265–284.
31. Cameron Anderson and Adam D. Galinsky (2006), "Power, Optimism, and Risk Taking," *European Journal of Social Psychology, 36* (4), 511–536.
32. Brent L. Hughes and Jamil Zaki (2015), "The Neuroscience of Motivated Cognition," *Trends in Cognitive Sciences, 19* (2), 62–64; quote is from p. 62.
33. Hughes and Zaki, "The Neuroscience of Motivated Cognition."
34. Arie W. Kruganski, Katarzyna Jasko, Maxim Milyavsky, Marina Chernikova, David Webber, Antonio Pierro, and Daniela di Santo (2018), "Cognitive Consistency Theory in Social Psychology: A Paradigm Reconsidered," *Psychological Inquiry, 29* (2), 45–59.
35. Barry M. Staw, "Attribution of the 'Causes' of Performance: A General Alternative Interpretation of Cross-Sectional Research on Organizations," *Organizational Behavior and Human Performance, 13* (3), 414–432; quote is from p. 414.
36. Amit Bhattacharjee, Jonathan Z. Berman, and Americus Reed II (2013), "Tip of the Hat, Wag of the Finger: How Moral Decoupling Enables Consumers to Admire and Admonish," *Journal of Consumer Research, 39*, 1167–1184.
37. Bhattacharjee et al., "Tip of the Hat," p. 1168; the Bandura article to which this quote refers includes Albert Bandura, Claudio Barbaranelli, Gian V. Caprara, and Concetta Pastorelli (1996), "Mechanisms of Moral Disengagement in the Exercise of Moral Agency," *Journal of Personality and Social Psychology, 71* (2), 364–374.
38. Ibid.
39. Ibid.
40. Victoria Chang and Jeffrey Pfeffer, "Dr. Laura Esserman (A)," Case #OB42A, Stanford, CA: Graduate School of Business, Stanford University, September 30, 2003; quote is from p 4.

41. Jeffrey Sonnenfeld, *The Hero's Farewell: What Happens When CEOs Retire,* New York: Oxford University Press, 1988.
42. Nick Bilton, "All Is Fair in Love and Twitter," *New York Times,* October 9, 2013. The material on Dorsey and Twitter comes from this source.
43. Bilton, "All Is Fair."
44. Jelani Cobb, "Harvey Weinstein, Bill Cosby and the Cloak of Charity," *New Yorker,* October 14, 2017.
45. Renae Merle, "In Decades Before Pardon, Michael Milken Launched 'Davos' Competitor and Showered Millions on Charities," *Washington Post,* February 21, 2020.
46. WebMD, "2014 People's Choice: Martha Stewart," accessed September 16, 2021. https://www.webmd.com/healthheroes/2014-peoples-choice-martha-stewart.
47. Winnick Family Foundation, "About," accessed September 16, 2021.
48. Quote Investigator, "Winning Isn't Everything; It's the Only Thing," March 13, 2017. https://quoteinvestigator.com/2017/03/13/winning/.

尾聲

1. Pfeffer and Sutton, *The Knowing-Doing Gap*.
2. Jeffrey Pfeffer, *Power*.
3. *Encyclopedia Britannica*, "Marcus Brutus." https://www.britannica.com/topic/Marcus-Brutus.
4. See, e.g., Robert I. Sutton and Andrew Hargadon (1996), "Brainstorming Groups in Context: Effectiveness in a Product Design Firm," *Administrative Science Quarterly, 41* (4), 685–718.
5. Robert B. Zajonc (1965), "Social Facilitation," *Science, 149* (3681), 269–274.
6. Anthony J. Mento, Robert P. Steel, and Ronald J. Karren (1987), "A Meta-Analytic Study of the Effects of Goal Setting on Task Performance: 1966–1984," *Organizational Behavior and Human Decision Processes, 39* (1), 52–83.

精進權力：史丹佛教授的7大權力法則，帶你打破常規，取得優勢，成功完成目標

7 Rules of Power: Surprising—but True—Advice on How to Get Things Done and Advance Your

---

作　　者　傑夫瑞・菲佛（Jeffrey Pfeffer）
譯　　者　鄭依如
責任編輯　夏于翔
協力編輯　王彥萍
內頁構成　李秀菊
封面美術　Poulenc

發 行 人　蘇拾平
總 編 輯　蘇拾平
副總編輯　王辰元
資深主編　夏于翔
主　　編　李明瑾
業　　務　王綬晨、邱紹溢
行　　銷　曾曉玲
出　　版　日出出版
地址：10544台北市松山區復興北路333號11樓之4
電話：02-2718-2001　傳真：02-2718-1258
網址：www.sunrisepress.com.tw
E-mail信箱：sunrisepress@andbooks.com.tw

發　　行　大雁文化事業股份有限公司
地址：10544台北市松山區復興北路333號11樓之4
電話：02-2718-2001　傳真：02-2718-1258
讀者服務信箱：andbooks@andbooks.com.tw
劃撥帳號：19983379　戶名：大雁文化事業股份有限公司

印　　刷　中原造像股份有限公司
初版一刷　2022年11月
定　　價　430元
I S B N　978-626-7044-84-1

國家圖書館出版品預行編目（CIP）資料

精進權力：史丹佛教授的7大權力法則，帶你打破常規，取得優勢，成功完成目標／傑夫瑞・菲佛（Jeffrey Pfeffer）著；鄭依如譯. -- 初版. -- 臺北市：日出出版：大雁文化事業股份有限公司發行, 2022.11
304面；15×21公分
譯自：7 rules of power : surprising-but true-advice on how to get things done and advance your career.
ISBN 978-626-7044-84-1（平裝）

1. CST: 權力　2. CST: 職場成功法

494.35　　111017046